Recherches

ANATOMIQUES ET PHYSIOLOGIQUES

sur

LA CIRCULATION

DANS LES CRUSTACÉS.

PAR

MM. V. AUDOUIN ET H. MILNE EDWARDS,

PRÉSENTÉES A L'ACADÉMIE ROYALE DES SCIENCES, DANS LA SÉANCE DU 15 JANVIER 1827.

(Extrait des Annales des Sciences naturelles, juillet et août 1827.)

Paris.

IMPRIMERIE DE C. THUAU,

RUE DU CLOÎTRE SAINT-BENOÎT, Nº 4.

1827.

RECHERCHES

ANATOMIQUES ET PHYSIOLOGIQUES

SUR

LA CIRCULATION

DANS LES CRUSTACÉS.

PAR

MM. V. AUDOUIN ET H. MILNE EDWARDS.

PRÉSENTÉES A L'ACADÉMIE ROYALE DES SCIENCES, DANS LA SÉANCE
DU 15 JANVIER 1827.

(Extrait des Annales des Sciences naturelles, juillet et août 1827.)

Paris.

IMPRIMERIE DE C. THUAU,
RUE DU CLOÎTRE SAINT-BENOÎT, N° 4.

1827.

Rapport

FAIT A L'ACADÉMIE ROYALE DES SCIENCES,

SÉANCE DU 19 MARS 1827,

PAR MM. CUVIER ET DUMÉRIL,

SUR

DEUX MÉMOIRES

DE **MM. V. AUDOUIN ET H. MILNE EDWARDS,**

CONTENANT

DES RECHERCHES ANATOMIQUES ET PHYSIOLOGIQUES SUR
LA CIRCULATION DANS LES CRUSTACÉS.

———

M. Cuvier et moi avons été chargés par l'Académie,
dans ses séances des 15 janvier et 5 février derniers, de
lui faire le Rapport que nous avons l'honneur de lui
présenter aujourd'hui.

Les auteurs qui avaient écrit le plus récemment sur la
structure des animaux de la classe des Crustacés, avaient
commis de grandes erreurs en voulant combiner,
dans les notions qu'ils ont donné des organes circulatoires et respiratoires, ce qu'avaient incomplètement
aperçu Willis, Portius, Swammerdam, Roessel, et ce
que l'auteur des Leçons d'Anatomie comparée y avait

a *

consigné d'exact sur ce sujet. C'était donc un point de l'anatomie et de la physiologie comparée qui appelait de nouvelles recherches ; car il fallait constater d'une manière positive le véritable mode de la circulation, et la distribution détaillée des vaisseaux artériels et veineux dans cette classe d'animaux.

Cependant, pour éclairer de nouvelles lumières cette partie de la science, on ne devait pas se borner à l'étude anatomique d'une seule espèce ; il fallait en outre se procurer des individus dont les parties ne fussent pas trop enroidies par les procédés employés ordinairement pour leur conservation dans nos Musées. Il devenait donc indispensable, pour ces sortes de recherches, de se transporter sur les bords de la mer, afin de s'y procurer plus facilement des individus des genres et des ordres les plus différens par leurs formes et par leur structure. C'est dans ce but que les auteurs du Mémoire se sont rendus à Granville, sur les côtes de la Manche, où ils étaient assurés de se procurer, et où ils ont recueilli en effet les matériaux du grand travail qu'ils ont soumis à votre jugement.

Nous ne suivrons pas complètement l'ordre adopté par ces Messieurs dans l'exposé qu'ils vous ont fait de leurs recherches.

Leur premier Mémoire se compose de l'histoire chronologique des connaissances acquises ou des opinions émises sur la circulation dans les animaux de la classe des Crustacés, et surtout des détails très-circonstanciés des expériences qu'ils ont faite pour découvrir chez ces animaux, encore vivans, le véritable mode de leur circulation.

(v)

Le second Mémoire comprend la partie anatomique
et la description des organes circulatoires en particulier :
il est accompagné de vingt dessins de grandeur naturelle, dans lesquels les distributions des vaisseaux sont
représentés en couleur, d'après des espèces qni appartiennent aux ordres principaux des Décapodes à queue
courte et longue, et des Stomapodes.

Il résulte de cet examen comparé, présenté avec les
plus grands détails, que la circulation dans la plupart
des Crustacés astacoïdes s'opère de la manière suivante.

Le sang ou l'humeur qui est mise en mouvement par
les contractions d'un cœur volumineux, y arrive par
deux gros vaisseaux *branchio-cardiaques*, dont l'orifice
est garni de soupapes ou de valvules qui s'opposent à la
rétrogradation de ce sang. Six vaisseaux principaux
sortent du cœur et peuvent être considérés comme de
véritables artères : trois de ces troncs sont destinés à la
partie antérieure, pour les yeux, les antennes et les parties voisines ; deux moyens se dirigent en dessous, dans
les lobes du foie. Enfin le sixième, qui est le plus considérable, forme sa véritable aorte qui se distribue sous
toute la poitrine, dans l'abdomen et dans toutes les parties postérieures du tronc et des membres.

Dans tous ces Crustacés, les veines sont d'une ténuité
extrême ; elles paraissent provenir des extrémités des
artères, mais leur tunique semble ne consister qu'en une
membrane déliée, fixée au tissu même des organes que
ces veines traversent, à-peu-près comme cela a lieu
dans les tuniques de la dure-mère chez les Mammifères,
et comme l'un de nous les a observées constamment
dans plusieurs espèces de poissons cyclostomes. Cette

disposition particulière des veines les rend fort difficiles à disséquer, et ce n'est qu'en les insufflant ou en les injectant avec des liquides colorés que MM. Audouin et Milne Edwards sont parvenus à les rendre sensibles à la vue.

Toutes ces veines ramifiées aboutissent, soit à un, soit à deux sinus ou réservoirs communs pratiqués dans l'épaisseur des pièces qui composent le thorax et qui soutiennent les membres. Ces sortes de golfes sont protégés par des lames osseuses ou crustacées très-minces, qui forment comme des cellules communiquantes entre elles, et c'est de là que naissent ou se détachent les veines ou vaisseaux qui s'introduisent sur la face externe des branchies par leur base.

Enfin, des ramifications et des terminaisons de ces mêmes veines afférentes qui, comme on le voit, font l'office d'artères, en naissent d'autres qui longent la face interne des pyramides branchiales, et deviennent les vaisseaux efférens par lesquels le sang est conduit au cœur, où ils n'aboutissent qu'après s'être réunis en un seul tronc garni, comme nous l'avons dit, de valvules qui s'opposent au retour du sang au moment où le cœur se contracte.

Voilà à-peu-près le mécanisme que l'inspection anatomique aurait indiqué, mais que ces Messieurs ont démontré de la manière la plus positive, et par leurs recherches, dont ils ont figuré le résultat, et par leurs expériences, dont nous relaterons bientôt quelques-unes.

Il résulte de ces recherches anatomiques, que MM. Audouin et Milne Edwards ont tout-à-fait démontré le

mode de circulation dans trois grandes familles de l'ordre
des Crustacés ; qu'ils ont ainsi relevé plusieurs erreurs
consignées dans des ouvrages d'ailleurs très-estimables ;
qu'ils ont démontré d'une manière positive le mode de
circulation branchiale que l'auteur des Leçons d'Anatomie comparée avait indiquée ; enfin , ils ont les premiers
parfaitement apprécié les usages des sinus veineux , qui
ont la plus grande analogie avec les appendices de même
nature que le même M. Cuvier avait observés dans les
Mollusques céphalopodes , et en particulier dans le Calmar.

Quant aux expériences physiologiques exposées dans
la première partie du Mémoire, elles sont sûrement importantes , et peut-être ont-elles aidé les auteurs dans la
découverte des faits qu'ils ont si bien fait connaître ;
mais le résultat n'en pouvait être déduit et bien conçu
qu'après les recherches anatomiques.

Elles sont au nombre de quatre principales. Dans la
première , il a été constaté que le fluide tiré à l'aide
d'un chalumeau de verre de la veine afférente ou externe
de la branchie , empêchait le tube vasculaire, qui en for-
mait la continuation, de se remplir de nouveau. La seconde, plus propre à la démonstration , consistait à
introduire dans les vaisseaux branchiaux de l'animal
vivant, quelques bulles d'air dont la progression en
sens inverse, suivant la nature du vaisseau , a démontré
le cours du sang. Introduit dans le vaisseau afférent ,
l'air ne sortait pas de la branchie ; injecté dans la veine
afférente , au contraire, la bulle de gaz cheminait jusqu'au cœur. Dans la troisième expérience, exposée avec
beaucoup de détails , on voit qu'un liquide coloré en

noir, injecté par la veine efférente des branchies, parvient au cœur, et que poussé plus loin par la contraction de cet organe, il pénètre dans tout le système général des artères. Enfin, la quatrième expérience a prouvé qu'un liquide coloré introduit dans le golfe ou sinus veineux, a pénétré de là aux branchies à l'aide des veines afférentes.

Tels sont les faits positifs que contiennent ces Mémoires intéressans, et dont il est à désirer que la science puisse bientôt profiter. Nous proposons en conséquence à l'Académie d'adopter ce travail pour le faire insérer parmi ceux des savans étrangers.

Signé le baron CUVIER, DUMÉRIL.

RECHERCHES

ANATOMIQUES ET PHYSIOLOGIQUES

SUR LA CIRCULATION

DANS LES CRUSTACÉS.

PAR

MM. **V. AUDOUIN** ET **H. MILNE EDWARDS**.

Lues à l'Académie des Sciences le 15 janvier 1827 (1).

(Extrait des Annales des Sc. nat., juillet 1827.)

PREMIÈRE PARTIE.

C'est depuis un petit nombre d'années seulement que les anatomistes ayant envisagé l'étude de la structure des animaux d'un point de vue élevé et général, ont cherché à coordonner les faits spéciaux que fournissent journellement les recherches zootomiques, et qu'au lieu d'une masse informe d'observations isolées et par cela seul incomplètes, ils nous ont donné sur ce sujet intéressant un corps entier de doctrine. L'anatomie comparée a pris rang parmi les sciences, et les recherches importantes des savans à qui elle doit pour ainsi dire son existence,

(1) Voyez, *Ann. des Sc. nat.*, tom. x, p. 394, le Rapport qui a été fait de ce travail, par MM. le baron Cuvier et Duméril.

I

ont imprimé à sa marche une impulsion si forte, que déjà il reste à peine quelques questions de premier ordre dont la solution n'ait été tentée avec plus ou moins de bonheur. L'ostéologie des animaux vertébrés a été cultivée avec tant de succès, que dans plus d'un cas l'examen d'un seul fragment d'os a suffi pour arriver à la connaissance de l'animal auquel il appartenait, et l'on a fait de tels progrès dans l'étude de ces parties et de leur mode de développement, qu'il est devenu possible de ramener aux lois générales de l'organisation la formation des monstres qui, au premier coup-d'œil, ne semblent résulter que des bizarres caprices de la nature. Le système nerveux a été le sujet d'un grand nombre de recherches de la plus haute importance. Les organes de la digestion, et plus particulièrement ceux de la mastication, ont été décrits avec le même soin, non-seulement dans les animaux vertébrés, mais aussi dans les insectes. Enfin, l'investigation d'une foule d'autres points d'un égal intérêt, et poursuivie avec ardeur, a déjà fourni à la science de précieux résultats ; cependant il reste de grandes lacunes dans l'histoire de chacune des fonctions étudiées comparativement dans la série des animaux, depuis les plus élevées jusqu'aux plus inférieurs, et plusieurs d'entre elles ont été très-négligées : c'est ce qui a eu lieu particulièrement pour la circulation, considérée dans une des plus grandes divisions du règne animal, dans les animaux articulés ; tout ce que nous possédons sur ce sujet se réduit à quelques faits contradictoires, le plus souvent inintelligibles. Il est vrai que la plupart de ces animaux ne présentent qu'un appareil circulatoire à l'état rudimentaire, et qu'ignorer ses fonctions, c'est

en définitif ignorer peu de chose ; mais il en est plusieurs qui ont ce système très-développé, et c'est posi-
tivement chez eux qu'il est plus mal connu ; tels sont
les Crustacés, auxquels on accorde depuis long temps
des vaisseaux sanguins et une circulation étendue, sans
qu'on sache précisément, même aujourd'hui, comment
elle s'opère.

Ce n'est que vers le milieu du dix-septième siècle qu'on
rencontre quelques notions à ce sujet, et l'honneur de
la tentative, plutôt que celui de la réussite, appartient
à Willis (1). Cet anatomiste étudia l'organisation de l'É-
crevisse fluviatile, et décrivit la structure et la situation de son cœur ; on voit suivant lui, à la partie antérieure de cet organe, un vaisseau qu'il nomme aorte,
et qui se divise en trois rameaux pour distribuer le sang
à la tête et aux branchies. En arrière il existe une oreillette dans laquelle vient s'ouvrir un tronc vasculaire
formé par la réunion de deux branches qu'il dit être des
veines caves, et dont il indique le trajet, en les quali-
fiant d'ascendante et de descendantes. Enfin, chaque

(1) « Infra *ventriculum*, quin et aliorum quoque viscerum principiis
inferius, *pericardium*, cui *cor palpitans* includitur, in imo dorso collo-
catur : cordis *systoles* et *diastoles*, prout in ipsis sanguineis, celeres
sunt et fortes : hoc coloris albidi apparens revera *musculus conicus*
est, cujus cavitas satis ampla, fibris sive columnis pluribus robustis,
variis item scrobiculis instruitur. *Aorta*, fastigio ejus summo egressa,
statim in duos ramos, qui versus branchias incedunt, finditur ; *venæ
cavæ*, truncus *descendens*, alterque *ascendens*, è cordis tergo coeunt,
ibidemque ejus *auriculam* ingrediuntur. *Cor* dum relaxatur humorem
vitalem è *vena* suscipit, eumque mox dum contrahitur in *aortam* pro-
pellit.

« *Pisces Crustacei* æque ac *Testacei*, quamvis exangues, branchiis
(quæ pulmonum vice sunt) numerosis, ac largis donantur ; ad quas

branchie présente, dit-il, trois sinus, dont deux servent à la circulation ; ces sinus communiquent avec le
cœur, car Willis, sans indiquer cette communication, assure qu'en injectant un liquide par cet organe,
il pénètre aussitôt dans l'un d'eux et revient au cœur par
l'autre. Une figure médiocre, mais dans laquelle on
voit avec assez de netteté la distribution de l'une des
veines caves, accompagne la description très-incomplète
de notre auteur ; mais elle ne diminue en rien les difficultés que l'on éprouve, lorsqu'en combinant les détails
qu'il rapporte, on veut se rendre compte de la distribution du sang aux pattes, aux viscères et à l'abdomen ;
Willis ne mentionnant d'autres artères que celles qui se
dirigent à la partie tout-à-fait antérieure du corps.

Quant à la fonction elle-même, il n'est pas plus facile de comprendre comment elle s'opère. Suivant Willis, le cœur en se dilatant reçoit le sang veineux qui revient des différentes parties du corps, par les veines
caves ; il reçoit aussi le sang artériel qui a traversé les
branchies : ensorte qu'il y a dans la cavité de cet or-

cum humor vitalis totus, ac crebrò deferri potest, idcirco non uti in
terrestribus *insectis*, per universum corpus disperguntur, sed in utroque latere sub tunicæ loricatæ margine, simul in eodem loco, illæ fas-
ciculis quibusdam colligatæ statuuntur. *Branchiarum* pars inferior et
extima, quæ lata et obtusa est, pedunculis sterno appensis affigitur ;
pars superior, sub lorica ascendens, et sensim mucronata, soluta et li-
bera est ; secus ac in piscibus sanguineis, quorum branchiæ in utroque
fine solido alligantur. In singulis *Astaci branchiis*, tres sinus repe-
riuntur, quorum *binos* pro humore vitali ingerendo regerendoque con-
stitui patet : quia liquor atratus cordi injectus, ad branchias transibit,
ibidemque sinum primo unum pervadens, mox per alterum redibit. »
(Tertius sinus aquas affluentes sucipit egeritque). (Willis, *De Anima
brutorum*, caput tertium, p. 16.)

(5)

gane, mélange du sang qui a respiré, et du sang qui a
déjà servi à la nutrition. Le cœur vient-il à se contrac-
ter, il chasse une portion du liquide mélangé aux branchies, où il subit une seconde fois l'influence de l'air, et
envoie l'autre portion dans le système artériel.

Le travail subséquent de Portius qui, en décrivant l'appareil générateur de l'écrevisse dit aussi quelques mots
du cœur, n'ajouta rien à ce qui était déjà connu sur ce
sujet (1).

Vers la même époque, Swammerdam disséqua avec
soin un autre Crustacé connu sous le nom de Bernard-
l'Hermite (2). La description qu'il donne du cœur est
bien plus détaillée et plus exacte que celle que l'on
trouve dans les écrits de Willis. Il assure ne pas avoir
rencontré d'oreillettes, et il parle de six troncs vascu-

(1) *Sur les parties de la Génération des Écrevisses d'eau douce*
(*Collection académique*, partie étrangère, tom. IV, p. 132).

« Le cœur de l'écrevisse femelle est couché sur les deux ovaires, et sa
partie supérieure se trouve posée au milieu d'eux, de sorte que si on
coupe et qu'on enlève l'écaille qui recouvre le dos depuis la queue jusqu'à la ligne courbe qui paraît sur le dos, on aperçoit le cœur palpitant,
qui est couché sur les ovaires ; sa substance est blanchâtre, et les vaisseaux qui en sortent sont de cette même couleur : on ne peut les distinguer des petites membranes et de la substance musculeuse des autres
parties que par le battement et la palpitation, car le mouvement et la
palpitation du cœur font reconnaître, non-seulement la naissance et la
direction des gros vaisseaux qui partent du cœur, mais encore la naissance et la direction des ramifications qui partent de ces gros vaisseaux. »

(2) *Description du Coquillage nommé* Bernard-l'Hermite (*Collect.
académique*, partie étrangère, tom. V, p. 128).

« Le cœur est placé sur l'intestin près de l'estomac ; c'est un corps de
substance et de couleur de chair, mais blanchâtre au-dessous et sur les
côtés. Il est un peu pointu à son extrémité ; sa partie supérieure produit
quatre vaisseaux, et sa partie inférieure en produit deux, l'un desquels

laires dont quatre naîtraient de la partie supérieure du
cœur, et deux de sa partie inférieure; mais il n'indique
ni la nature de ces vaisseaux, ni le trajet qu'ils par-
courent.

Ce travail ne jette donc que fort peu de lumière sur
la circulation des Crustacés, et il n'applanit aucune
des difficultés qui empêchent de la comprendre. En
effet, les vaisseaux dont parle Swammerdam sont-ils
tous des artères ou bien plusieurs d'entre eux sont-
ils des veines? Comment le sang traverse-t-il l'appareil respiratoire? Est-ce le cœur qui l'envoie aux branchies? Et après avoir subi l'influence de l'air ce liquide
retourne-t-il au cœur, ou bien est-il distribué immédiatement aux organes qu'il doit nourrir? C'est en vain
que l'on chercherait dans l'ouvrage de cet habile anatomiste, non pas des faits, mais quelques données qui
puissent aider à résoudre ces questions fondamen-
tales.

Rœsel qui naquit au commencement du dix-huitième
siècle, a décrit d'une manière plus complète que Willis
la structure de l'écrevisse fluviatile, mais il n'a dit que
quelques mots de l'appareil circulatoire (1). Il existe

est plus grand, plus ample, et a des parois plus minces que l'autre; ce
dernier, dont les parois sont plus épaisses, jette quelques ramifications.
On voit plusieurs enfoncemens sur la surface extérieure du cœur; sa
cavité est pleine de fibres et de colonnes charnues, comme la cavité du
cœur humain : je n'y ai vu qu'un ventricule, comme dans les autres
poissons. Je n'ai pu découvrir son oreillette, mais j'ai observé le cours
des vaisseaux blanchâtres qui partent du cœur et se distribuent aux
parties supérieures et inférieures du corps, et surtout aux ouies. »

(1) *Der Insecten Belustigung drieter Thiel*, § xx et xxi.

« Auprès des testicules est situé, du côté de la queue, le cœur (*h*), qui

(7)

suivant lui , à la partie antérieure du cœur , trois vaisseaux ; l'un d'eux occupe la ligne médiane et se dirige
vers le rostre , les deux autres se portent en avant et en
dehors, mais ils ne se rendent pas aux branchies. La partie postérieure du cœur , qui d'après Willis recevait les
deux veines caves, ne donne plus naissance ̕, suivant
Rœsel , qu'à un seul vaisseau qui est artériel et longe la
face supérieure de l'intestin pour se distribuer à l'abdomen. Mais une chose dont Willis n'a pas parlé et sur
laquelle Rœsel insiste , c'est l'existence d'un vaisseau
longitudinal , qui à l'abdomen serait situé sous l'intestin , et qui à la partie postérieure du thorax s'engagerait
dans le canal osseux placé à la base des pattes. L'auteur
ajoute qu'il n'a pu déterminer l'endroit où ce vaisseau
se termine à cause de sa structure délicate, mais qu'il
diffère du vaisseau situé au-dessus de l'intestin par les
diverses nodosités qu'il présente.

Au premier abord, on croirait que ce prétendu vaisseau

se reconnaît aisément sur une écrevisse ouverte et encore en vie, par
les mouvemens qu'il exécute ; il est de couleur blanche, et la fig. 14 le
montre isolé des autres parties , en sorte qu'on peut voir qu'il donne
naissance à quatre vaisseaux, dont trois en devant, et un en arrière.
Parmi les premiers, celui du milieu marche directement vers la tête,
es deux latéraux s'étendent vers les côtés, et le postérieur s'étend par-
dessus le rectum, le long de toute la queue. » (P. 323.)

« Au-dessous du rectum il y a une autre veine (t. r., tab. LVIII ,
fig. 12) qui diffère de la précédente par sa structure , attendu qu'on y
voit *plusieurs renflemens*. A l'origine de la queue, elle entre dans un
canal qui se trouve entre les pattes, à la face inférieure de l'écrevisse ,
et elle se porte en avant ; mais je n'ai pu trouver l'endroit où elle se
termine, à cause de sa structure trop délicate. Willis appelle *veine cave
ascendante* la première de ces veines, mais il ne dit rien de la seconde. »
(P. 324.)

est une des veines caves de Willis , mais le doute est bientôt levé lorsqu'on relit attentivement la description de
Rœsel , et lorsqu'on jette un coup-d'œil sur la figure qui
l'accompagne, et que nous reproduisons, alors on se con-
vainc que ce vaisseau ventral n'est autre chose que le cordon nerveux de l'animal. Cette erreur est grossière sans
doute , mais elle n'est point surprenante de la part d'un
homme qui , très-habile dans l'art de la peinture, n'avait
probablement pas la prétention d'être anatomiste. Ce
qui a lieu d'étonner d'avantage , c'est qu'une bévue de
cette espèce n'ait jamais été relevée , et qu'au contraire
elle ait été admise sur parole et fidèlement copiée par
plusieurs naturalistes de profession.

Les recherches de cet auteur ne jettent donc aucun
jour sur la grande question qui nous occupe.

D'après l'exposé succint que nous venons de faire , on
voit combien les travaux de Willis , de Portius, de
Swammerdam et de Rœsel , sur l'appareil circulatoire
de deux espèces de Crustacés , l'écrevisse et le pagure ,
étaient incomplètes. Les notions vagues et incertaines
qu'ils nous ont transmises sont cependant les seules que
nous ayons eues sur ce sujet , jusqu'à ce que M. le baron
Cuvier ait commencé à s'en occuper. L'époque comprise
entre les publications de Rœsel et les recherches de ce
savant , a produit plus d'un ouvrage où il est question de
la circulation dans les Crustacés , mais ce sont toujours les
travaux des anatomistes dont il vient d'être question que
l'on y cite, le plus souvent sans les comparer entre eux ,
et sans leur avoir fait subir le moindre examen.

C'est ainsi que Degeer (1) , en décrivant les parties

(1) *Mémoires pour servir à l'Histoire des Insectes* , tom. VII.

internes de l'écrevisse , se borne à dire que le cœur se prolonge en une artère qui s'étend tout le long de la face supérieure de l'intestin ; il renvoie , pour d'autres détails à l'ouvrage de Rœsel. C'est encore ainsi qu'à l'article *Ecrevisse* de l'*Encyclopedie méthodique* Olivier copie mot pour mot ce que Degeer lui-même avait emprunté à Rœsel.

Nos connaissances anatomiques et philosophiques sur la circulation dans les Crustacés sont par conséquent restées stationnaires depuis l'époque où vécut Rœsel jusqu'à la publication des recherches de M. Cuvier : le travail de ce savant sur la nutrition des insectes , a beaucoup éclairci un des points les plus importans du sujet qui nous occupe (1). En effet , M. Cuvier nous apprend qu'un liquide injecté dans le cœur arrive bientôt aux

« On peut encore voir le cœur, qui est placé au milieu, derrière l'estomac, et qui repose sur le grand intestin ; il se prolonge en une artère qui s'étend tout le long du dessus de cet intestin jusqu'au bout de la queue. » (P. 385.)

(1) *Mémoire sur la Manière dont se fait la nutrition dans les Insectes* (*Mém. de la Soc. d'Hist. nat. de Paris*, an VII , p. 47).

« Mes essais d'injection m'ont bien permis de porter la liqueur de ces branchies vers le cœur, mais jamais je n'ai pu la diriger en sens contraire , tandis que du cœur on peut la faire parvenir par tout le corps au moyen de vaisseaux nombreux et très-visibles dans certaines espèces, notamment dans le Bernard-l'Hermite, où ils sont colorés en un blanc opaque. S'il se trouvait , par des recherches ultérieures, qu'il n'y eût ni second cœur, ni tronc commun veineux qui , devenant artériel, portât le sang aux branchies par une opération à-peu-près inverse à celle qui a lieu dans les poissons, alors on pourrait croire que les branchies ne font autre chose qu'absorber une partie du fluide aqueux et le porter au cœur, qui le transmettrait à tout le corps. Ce prétendu cœur et ses vaisseaux ne seraient donc en dernière analyse qu'un appareil respiratoire, qui ne différerait de celui des insectes ordinaires que par cet organe musculaire qu'il aurait reçu de plus. »

différentes parties du corps; mais que jamais il ne gagne les branchies qui en sont voisines. Au contraire, en injectant le liquide par les branchies, il a toujours vu qu'il parvenait immédiatement dans le cœur. Ce résultat est en contradiction directe avec une expérience analogue rapportée par Willis, et dans laquelle, comme nous l'avons déjà vu, cet anatomiste dit avoir fait passer l'injection alternativement du cœur aux branchies, et des branchies au cœur. M. Cuvier, dans le quatrième volume de ses leçons d'anatomie comparée, revient sur la circulation dans les Crustacés, et confirme le résultat qu'il avait obtenu (1). On ne saurait donc élever de doutes sur l'exactitude de ces expériences. Elles prouvent déjà

(1) *Leçons d'Anatomie comparée*, tom. iv (1805), leç. 27, sect. 1, art. 2, p. 407-410.

« Le cœur des Crustacés décapodes est tout autrement fait que celui des branchiopodes. Le premier est ovale, circonscrit, et placé à-peu-près au milieu du thorax; l'autre est allongé, et s'étend d'un bout du corps à l'autre, de manière à paraître conduire, comme par une nuance intermédiaire, au vaisseau dorsal des insectes. Il a fait illusion à cet égard à quelques naturalistes; mais si l'on voulait lui trouver un analogue, c'était plutôt dans les vers à sang rouge qu'il fallait le chercher.

» Le cœur des décapodes (crabes, homards, écrevisses, Bernards-Hermites, etc.) est aussi un cœur aortique comme celui des Mollusques; il reçoit le sang des branchies par un gros vaisseau qui remonte de la région ventrale, où il se porte sur la longueur du thorax pour recevoir lui-même ce sang par des vaisseaux latéraux; du moins c'est ainsi que j'ai vu la chose dans le Bernard-l'Hermite, mais il m'a semblé voir dans le homard que les veines des branchies se rendent directement par deux troncs dans les deux côtés du cœur. Sitôt qu'on injecte une des grosses veines des branchies, on voit la liqueur arriver au cœur par la voie que je viens d'indiquer; le cœur donne de cette même partie postérieure un autre vaisseau qui est artériel, se porte directement en arrière, et se distribue aux organes de la génération et aux muscles de la

que la théorie qui découlait des observations de Willis,
ne peut être admise. Elles nous apprennent ensuite que
le sang ne va point alternativement du cœur aux branchies , et des branchies au cœur, puis de cet organe aux
différentes parties du corps , pour revenir encore une fois
au cœur. Enfin elles établissent que le sang suit la
marche du liquide injecté ; c'est-à-dire , qu'il va des
branchies au cœur, et de celui-ci aux différens organes.

Ceci admis , il restait à savoir par quelle voie le liquide nourricier parvenu ainsi à la circonférence du sys-

queue : la partie antérieure donne un nombre d'autres artères, variable selon les espèces.

« Chaque pédicule de branchie contient deux vaisseaux principaux,
un artériel et un veineux. Les veineux vont tous dans le cœur, et comme
nous l'avons dit , par un seul tronc dans les décapodes ; mais dans les
branchiopodes, où le cœur est allongé, ils s'y rendent tous directement, de manière qu'on y voit entrer une paire de ces veines pour
chaque anneau du corps dans lequel le cœur passe.

» Les artères branchiales ne viennent pas du cœur ; on a beau injecter
celui-ci, la liqueur ne passe point aux branchies, quoiqu'il soit aisé de la
faire passer des branchies au cœur.

» J'ai découvert depuis peu dans les branchiopodes , et particulièrement dans une Mante de mer (*Squilla fasciata* Fab.), d'où vient le sang
aux branchies. C'est une grosse veine cave longitudinale qui va d'un bout
du corps à l'autre, sous l'intestin, et par conséquent à la face opposée
à celle qu'occupe le cœur ; elle est d'un tissu beaucoup plus mince que
·lui , et transparent , et elle donne de chaque côté autant de paires de
vaisseaux pour les branchies que le cœur en reçoit.

» Je n'ai point encore vu cette veine cave dans les décapodes, parce
que je n'ai pas eu l'occasion de l'y chercher depuis que je l'ai vue dans les
autres ; mais l'analogie ne me permet pas de douter qu'elle ne sy trouve
aussi.

» La circulation des Crustacés est donc la même que celle des *Mollusques gastéropodes ;* une circulation double, mais dont le système aortique seul est garni d'un ventricule, encore ce ventricule mérite-t-il
à peine ce nom dans les branchiopodes , tant il est allongé et semblable

tème vasculaire, revenait vers le point d'où il était parti.
M. Cuvier a trouvé que dans la squille c'était par le
moyen d'une grosse veine étendue d'un bout du corps
à l'autre et placé au-dessous de l'intestin ; le sang veineux afflue dans ce vaisseau, et de là est envoyé aux
branchies. Toutefois, il n'a pas eu occasion de chercher
si les autres Crustacés présentaient une structure semblable.

Quant aux canaux destinés à porter le sang des branchies au cœur, M. Cuvier a constaté que dans la squille
ils vont s'y ouvrir directement. Il a vu une disposition
analogue dans le homard ; mais, dans le Bernard-l'Hermite, il a cru apercevoir une différence bien remarquable ; car ces vaisseaux lui ont paru se rendre dans
un canal ventral, qui remontait de la région sternale
pour se terminer au cœur.

Enfin, suivant le même auteur, le système artériel des

à un vaisseau. Sous ce rapport, le système circulatoire de ces animaux
ressemble à celui des *vers à sang rouge*.

» Le cœur des Crustacés, même des décapodes, n'a point d'oreillette, et je ne lui ai point encore vu de valvules.

» Je n'ai pas besoin de dire que le sang lancé dans les artères par le
cœur, doit se rendre dans la veine cave par des veines : c'est une né-
cessité évidente.

» Ainsi, je me vois avec plaisir dans le cas de rétracter ce que j'ai pu
dire dans quelques-uns de mes écrits précédens sur l'action purement
absorbante des branchies des Mollusques acéphales et des Crustacés, et
je reconnais que leur circulation pulmonaire est complète, comme celle
des animaux supérieurs et comme celle des vers à sang rouge, dont je
vais parler.

» On voit très-bien le cœur des petits Monocles de ce pays-ci se mou-
voir, mais leur petitesse empêche de suivre leurs vaisseaux, et nous n'a-
vons point encore eu à notre disposition le grand Monocle ou Crabe des
Moluques dans un état dissécable. » (P. 407 à 410.)

Crustacés se compose d'un vaisseau postérieur , qui se
distribue aux organes de la génération , ainsi qu'aux
muscles de l'abdomen , et de certaines artères qui naissent de la partie antérieure du cœur, et dont le nombre
varie , dit-il , suivant les espèces.

Cet exposé des recherches de M. Cuvier prouve que,
malgré de nombreuses lacunes , on pouvait déjà , en
s'attachant au petit nombre d'observations qu'il relate ;
se former une idée assez nette de la circulation dans les
Crustacés, mais malheureusement les faits ne parurent ni
assez nombreux , ni assez concluans ; et au lieu de chercher à les vérifier , on s'attacha à quelques observations
qui jetèrent l'esprit dans une nouvelle direction , et l'é-
garèrent dans une fausse route. Les auteurs qui ont parlé
de la circulation dans les Crustacés depuis la publication
de l'ouvrage remarquable que nous venons de citer, pro-
fessent des opinions en contradiction directe avec celles
de M. Cuvier , et plusieurs de ces naturalistes font autorité dans la science. M. Latreille , dont les travaux
originaux ont fait faire des progrès si grands à la zoologie , dit expressément , dans le troisième volume du
Règne animal , et dans l'article Crustacé du *Nouveau
Dictionnaire d'Histoire naturelle* , que le sang va du
cœur aux branchies , d'où il revient dans un canal ventral pour se porter ensuite dans toutes les parties du
corps (1). C'est , au reste, l'opinion émise par M. Cuvier

(1) *Règne animal*, etc. , tom. iii , p. 5.

« Les Crustacés sont des animaux articulés , à pieds articulés , et res-
pirant par des branchies ; leur circulation est double ; le sang qui a
respiré se rend dans un grand vaisseau ventral qui le distribue à tout le
corps , d'où il revient à un vaisseau ou même à un vrai ventricule situé
dans le dos , qui le renvoie aux branchies. »

lui-même dans le premier de ces ouvrages (1). Il n'est donc pas étonnant de voir à ce sujet l'incertitude la plus grande régner dans l'esprit de tous les naturalistes ; et M. Latreille était loin de regarder la question comme décidée, car nous devons dire qu'il est un de ceux qui nous ont engagés le plus fortement à nous en occuper. Des ouvrages encore plus récens que ceux que nous venons de citer, parlent de la circulation d'une manière encore moins précise.

M. Desmarets, dans un Traité spécial sur les Crustacés publié en 1825, consacre quelques lignes à son histoire. Il ne cite aucune autorité à l'appui de la description qu'il donne du mécanisme de la circulation ; aussi devons-nous conclure qu'il fonde son opinion sur des recherches qui lui sont propres, ou bien qu'il croit n'exprimer que les idées les plus généralement admises sur cette question.

Le sang, suivant M. Desmarets, se porte du cœur aux branchies et de là dans un canal ventral. Ce canal, que notre auteur compare à un ventricule aortique, le distribue à tout le corps, d'où il revient au cœur par une veine cave (2).

(1) *Le Règne animal distribué d'après son organisation*, par M. le baron Cuvier. Paris, 1817. Tom. 11, p. 512.

« Les *Crustacés* constituent la seconde forme ou classe des animaux articulés... Leur sang est blanc ; il circule par le moyen d'un ventricule charnu placé dans le dos, qui le distribue à des branchies situées sur les côtés du corps, ou sous sa partie postérieure, d'où il revient dans un canal ventral. Dans les dernières espèces, le cœur ou ventricule dorsal s'allonge lui-même en canal. »

(2) *Considérations générales sur la classe des Crustacés*, in-8°. Paris, 1825.

« Ce cœur, par ses contractions, distribue la lymphe aux branchies

(15)

Ne voulant pas anticiper sur les résultats auxquels nous sommes arrivés, nous nous bornerons à faire sentir, pour le moment, que dans le système admis par M. Desmarets, les fonctions du cœur se réduiraient à recevoir le sang veineux venant des différentes parties du corps et à le chasser dans les branchies , cet organe important ne fournirait pas une seule artère.

M. Geoffroy-Saint-Hilaire, en étudiant l'anatomie du homard , s'est aussi occupé de l'appareil circulatoire. Il a inséré dans les Mémoires du Muséum d'Histoire naturelle , une planche représentant le trajet des vaisseaux qui partent du cœur , et qu'il nomme *artères aortes, carotides et pulmonaires*; mais son travail étant resté inédit, nous regrettons de ne pouvoir en parler plus au long et avec connaissance de cause. Tréviranus a aussi décrit et figuré avec soin le système vasculaire des Cloportes. Dans l'Isis du mois de mai 1825 , on trouve encore l'extrait d'un Mémoire inédit, intitulé : *Doutes sur l'existence du système circulatoire dans les Crustacés*; par M. Lund, et ce Mémoire a été couronné par l'Académie de Copenhague. Les recherches de M. Lund ne paraissent avoir été faites que sur le homard , et les conclusions qu'il en a déduites renverseraient de fond

à l'aide d'autant de vaisseaux qu'il y a de paquets de lames branchiales, et ces vaisseaux partent tous d'un ou de deux troncs principaux. La lymphe qui a respiré sort des branchies par un nombre égal de vaisseaux, qui vont se réunir dans un canal ventral situé au-dessous de l'intestin , et ce canal la distribue à tout le corps, d'où elle revient au cœur par une grosse veine.

» Ainsi, la circulation est double, le cœur devant être considéré comme un ventricule pulmonaire, et le canal ventral comme le ventricule aortique. » (P. 57.)

en comble, si elles étaient exactes, toutes les observations de ses prédécesseurs.

Selon cet anatomiste, les canaux qui se voient sur les faces externes et internes des branchies ne sont point des vaisseaux sanguins et ne communiquent pas directement avec le cœur, comme les expériences de M. Cuvier l'avaient démontré; il croit que ce sont peut-être des trachées destinées à porter au prétendu système circulalatoire l'air séparé par les branchies.

Le sang, suivant le même auteur, se rend du cœur aux différentes parties du corps par l'intermédiaire de sept troncs vasculaires, dont trois antérieurs, deux inférieurs et deux postérieurs; l'un de ces derniers envoie des branches aux pattes et aux branchies : mais M. Lund ne regarde pas ce système comme formant un véritable appareil circulatoire, car il n'a point trouvé de conduits centripètes ou de veines. D'un autre côté, il assure qu'il existe à la surface du cœur six trous qui pénètrent directement dans sa cavité; en sorte que d'après sa théorie de la circulation, le sang, après avoir traversé les artères, se répandrait dans tout le corps et rentrerait dans la cavité du cœur par les ouvertures que nous venons d'indiquer. Aussi M. Lund regarde-t-il l'organisation des Crustacés comme étant très-analogue, sous ce rapport, à celle des insectes.

Enfin, et pour ne rien omettre, nous mentionnerons un opuscule de M. Dheré, intitulé : *De la Nutrition dans la série des animaux, d'après les idées de M. Ducrotay de Blainville*, et dans lequel ce médecin nous apprend que les Crustacés ont une circulation évidente, un cœur et deux aortes, ce qui n'est guère que l'exposé

succinct des connaissances que l'on avait à ce sujet il y a
environ un siècle.

Nous étendre davantage sur ce sujet, serait abuser
des momens de l'Académie, et il ne nous reste plus qu'à
récapituler les conséquences, soit physiologiques soit
anatomiques, qui découlent de l'ensemble des travaux
que nous venons d'énumérer. Le résultat principal, le
seul sur lequel tous les auteurs s'accordent, c'est que
les Crustacés ont un cœur situé sur le dos, et en communication avec l'appareil respiratoire. Or, il n'est possible de concevoir cette communication entre le cœur
et les branchies que de trois manières. En la supposant
établie 1°. à l'aide de deux ordres de canaux, des artères
et des veines; 2°. par les seules veines branchiales qui
porteraient le sang de l'organe respiratoire au cœur;
3°. enfin par l'intermédiaire des artères seulement qui
rempliraient des fonctions inverses.

Il est curieux que ces trois manières de concevoir la
circulation aient été adoptées successivement par des anatomistes célèbres. En effet, d'après les recherches de
Willis, le cœur recevrait les deux ordres de vaisseaux.
Suivant l'opinion émise par M. Cuvier dans ses leçons
d'anatomie comparée, il n'y aurait de communication
directe entre cet organe et les branchies que par l'intermédiaire de canaux veineux. Au contraire, dans la
plupart des ouvrages publiés depuis, il est dit expressément que le sang est porté du cœur à l'appareil respiratoire par des artères branchiales. Enfin, M. Lund, dont
les travaux sur cette question ont été couronnés par l'A-
cadémie de Copenhague, nie l'existence de toute communication directe entre ces organes.

3

Il existe donc, pour la simple communication du cœur avec les branchies et pour le très-court trajet du sang d'un de ces organes à l'autre, quatre opinions contradictoires entre lesquelles il est impossible de prononcer dans l'état actuel de la science.

Quant au cercle circulatoire tout entier, les divers auteurs ont eu recours à toutes les combinaisons possibles pour le former. Ici, il paraîtrait que le sang veineux arrivant de tout le corps et le sang artériel venant des branchies, se mêleraient dans la cavité du cœur et que cet organe, en se contractant, enverrait une portion du mélange aux divers organes et chasserait l'autre dans l'appareil respiratoire où il subirait une seconde fois l'action de l'air. Là, on trouve que le sang se porte des branchies au cœur, puis de cet organe à toutes les parties du corps, d'ou il retourne directement aux branchies pour redevenir artériel. Ailleurs, on fait suivre à ce liquide une marche absolument inverse, c'est-à-dire qu'on le fait aller du cœur aux branchies, de celles-ci à un vaisseau ventral qui le distribue à tout le corps, et delà on le fait revenir au cœur. Enfin, d'après la théorie la plus récente, le sang se porte du cœur aux différentes parties du corps, mais ne revient point à cet organe par l'intermédiaire des veines; car, d'après M. Lund il n'en existerait pas, mais il y aurait de larges trous qui établiraient une libre communication entre l'intérieur du cœur et toutes les cavités voisines. Aussi cet auteur pense-t-il que les Crustacés ne sont pas pourvus d'un véritable appareil circulatoire, et que les canaux que l'on voit sur les branchies ne sont point des vaisseaux sanguins.

(19)

On n'est pas mieux d'accord sur le nombre, l'origine, le trajet et le mode de distribution des artères
et des veines.

Suivant Willis, le cœur offre deux ordres de vaisseaux, les artères et les veines. D'après l'auteur des leçons d'anatomie comparée, cet organe ne présente que
des artères (les veines branchiales exceptées). Dans
l'ouvrage de M. Desmarets, au contraire, il n'est fait
mention d'aucune artère partant du cœur : cet organe
ne communique plus qu'avec une grosse veine cave et
avec les vaisseaux qui se rendent aux branchies : toutes
les artères qui distribuent le liquide nourricier au corps,
naissent d'un canal ventral qui reçoit le sang venant de
l'appareil respiratoire et remplit l'office d'un second
cœur. M. Lund, comme nous l'avons déjà vu, n'admet
point de système veineux. Enfin, pour compléter cet
esquisse de l'état actuel de nos connaissances sur la circulation des Crustacés, nous devons dire que l'écrevisse, le homard, le pagure, la squille, et le cloporte,
paraissent être les seuls animaux de cette classe qu'on
ait jusqu'ici étudiés.

La divergence des opinions sur le système circulatoire
des Crustacés, la contradiction apparente des faits, le
petit nombre des observations, et la difficulté de les
concilier, rendaient donc la question insoluble et néces-
sitaient de nouvelles recherches. La plupart des naturalistes en convenaient et nous le sentîmes nous-mêmes.

Ces considérations nous portèrent à entreprendre un
travail suivi pour déterminer avec précision le mode de
circulation dans les Crustacés. Afin d'exécuter notre pro-
jet, nous allâmes nous établir vers la fin de l'été dernier à

Granville, port situé sur une côte riche en objets de zoologie et dont les habitans s'occupent presque exclusivement de la pêche(1). Là , nous pouvions espérer d'avoir journellement à notre disposition un grand nombre de Crustacés vivans, et cette circonstance n'était pas indifférente , car nous avions bien compris que c'était seulement par des expériences multipliées sur les animaux vivans et par des dissections faites sur des individus parfaitement conservés, que nous pouvions obtenir des résultats concluans.

Le premier objet dont nous nous soyons occupé , a trait à la direction que suit le sang des Crustacés dans le cercle circulatoire. Nous avons rapporté les opinions contradictoires émises sur cette question , dont la solution était indispensable pour arriver à la connaissance de la nature des vaisseaux que nous aurions à examiner plus tard. Pour déterminer ce point chez les animaux des classes supérieures, il suffit, comme on le sait, de pousser une injection dans la cavité du cœur. On remplit ainsi tous les vaisseaux qui portent le sang de cet organe vers la circonférence du corps, tandis que le liquide ne pénètre pas dans les canaux qui rapportent le sang veineux au cœur, à cause de l'appareil valvulaire qui garnit toujours leur ouverture. Mais, dans les Crustacés, les tuniques des vaisseaux sont d'une ténuité si grande, que dans les expériencés de ce genre la rupture des val-

(1) Nous saisissons cette occasion pour témoigner à MM. de Beaucoudrey, Follin et Fuec, toute notre reconnaissance pour les nombreux services qu'ils nous ont rendus pendant notre séjour dans cette ville; leur extrême obligeance a beaucoup contribué à rendre nos travaux plus faciles et plus complets.

vules serait à craindre, et alors l'injection pénétrerait
dans les veines aussi bien que dans les artères. Ce mode
d'expérimentation est donc susceptible d'induire en erreur. Aussi voyons nous des résultats diamétralement
opposés, obtenus par ceux qui l'ont employé. Pour dé-
cider la question, il fallait avoir recours à des moyens
nouveaux, exempts des inconvéniens que nous venons
de signaler et dont le résultat ne laissât dans l'esprit aucune incertitude.

Dans les Crustacés décapodes tels que les crabes et
les homards, les branchies sont situées sous les parties
latérales de la carapace : chacun de ces organes a la
forme d'une pyramide, et présente sur la ligne médiane
deux gros vaisseaux longitudinaux qui communiquent
ensemble par l'intermédiaire du réseau branchiale. L'un
de ces troncs vasculaires occupe constamment la face interne de la branchie; l'autre est situé plus en dehors, soit
à la face externe soit dans l'épaisseur de cet organe.
Il est de toute évidence que l'un d'eux est destiné à
apporter le sang à la branchie, et que l'autre le transmet,
après qu'il est devenu artériel, à quelque autre partie.
Tous les auteurs s'accordent sur ce point, mais jusqu'ici
aucun d'eux n'a précisé lequel de ces troncs vasculaires
amène le sang, et lequel le rapporte. Ce point était cependant un des premiers à établir, et l'expérience suivante nous a paru de nature à faire cesser le doute qui
régnait à cet égard.

Le 22 septembre 1826, nous prîmes un maja qui était
vigoureux et dont la respiration était active. Nous enlevâmes avec toutes les précautions nécessaires le côté
droit de la carapace, afin de mettre à nu les branchies,

et nous incisâmes un de ces organes de manière à ouvrir transversalement les deux gros vaisseaux longitudinaux dont il vient d'être question. Aussitôt nous vîmes
une certaine quantité du liquide blanchâtre qui consti-
tue le sang de ces animaux sortir de chacun de ces troncs
vasculaires. Nous aspirâmes ensuite dans le vaisseau interne de la branchie, à l'aide d'un tube de verre tiré à
la lampe, et nous en retirâmes ainsi une très-petite quantité de sang, après quoi le vaisseau resta vide pendant
toute la durée de l'expérience. Nous aspirâmes de la
même manière dans le vaisseau situé à la face externe
de la branchie, et aussitôt une colonne assez considérable de sang s'éleva dans notre tube. Nous vidâmes
ainsi ce vaisseau; mais à peine avions nous cessé l'opération, qu'il se remplit de nouveau. Le sang y arrivait
sans cesse et remplaçait presqu'aussitôt la portion que
nous enlevions.

Cette expérience répétée à plusieurs reprises, soit sur
le maja squinado, le tourteau et le portune, soit sur le
homard, nous donna constamment le même résultat. Le
vaisseau interne de la branchie restait toujours vide
après que nous avions aspiré le sang qui s'y trouvait
lors de sa section; dans aucun cas nous ne vîmes de
nouveau sang y arriver; au contraire, le vaisseau externe se remplissait à mesure que nous en retirions le
sang qui y affluait, et cela se répéta tant que nous
n'eûmes pas épuisé la presque totalité du liquide nourricier de l'animal. Cette expérience prouve jusqu'à l'é-
vidence, que le vaisseau externe des branchies contient
le sang qui arrive à l'organe respiratoire, et qui, par
conséquent, est un sang veineux : elle établit égale-

(23)

ment que le vaisseau interne n'apporte pas de liquide,
mais que le sang qu'il contient provient du vaisseau
externe, et qu'il est devenu artériel par son passage à
travers les capillaires branchiaux.

Pour nous conformer au langage généralement reçu,
nous devrions donner à ces troncs vasculaires des noms
empruntés à l'anatomie des animaux vertébrés, et appeler
le vaisseau externe artère, et l'autre veine branchiale;
mais, comme nous le verrons bientôt, ces dénominations
au lieu de présenter des avantages, nuiraient beaucoup
à la clarté de nos descriptions. Nous préférons donc le
noms de vaisseaux externes ou afférens, et de vaisseaux
internes ou efférens des branchies.

Nous avons établi que chez les Crustacés le vaisseau
externe apporte le sang à la branchie, et que l'interne le
transporte ailleurs.

Mais la connaissance de ce fait fondamental ne suffi-
sait pas, et il fallait déterminer ensuite si ces deux ordres de vaisseaux communiquaient directement avec le
cœur, comme les recherches de Willis semblaient le
prouver, ou bien si cette communication n'existait que
pour un seul d'entre eux, et, dans ce cas, il restait
à savoir lequel des deux vaisseaux afférent ou efférent
venait s'ouvrir dans la cavité du cœur. Pour éclairer ce
point, nous eûmes encore recours à des expériences
sur les animaux vivans. Nous enlevâmes sur un maja
que nous venions de retirer de l'eau de mer, toute la
portion postérieure de la carapace, afin de découvrir
le cœur situé sur le dos de l'animal et les branchies placées,
comme nous l'avons déjà dit, sur les parties latérales
du corps. Cette opération fut exécutée avec un tel suc-

cès que les membranes qui garnissent la face interne du
test ne furent pas endommagées. Nous incisâmes ces
membranes tégumentaires au-dessus du cœur et au-
dessus des branchies du côté droit ; nous divisâmes
transversalement, près de sa base, la branchie qui correspond à la seconde paire de pattes ; puis nous introduisîmes l'extrémité d'une pipette de verre dans l'ouverture béante du vaisseau externe qui apporte le sang,
et nous y insufflâmes de l'air. Pendant que l'un de nous
pratiquait cette opération, l'autre examinait attentivement le cœur du Crustacé : cet organe se contractait
toujours régulièrement, avec la même vitesse, et ne recevait d'aucune part l'air que nous introduisions dans le
vaisseau externe ou afférent de la branchie. Il en fut de
même lorsque nous insufflâmes de l'air dans les vaisseaux externes des autres branchies ; ce qui prouve
déjà qu'aucun de ces canaux ne va s'ouvrir dans le cœur.

Nous portâmes ensuite notre attention sur le vaisseau
interne ou efférent des branchies. Nous dénudâmes de
la manière qui vient d'être indiquée le cœur et les organes de la respiration sur un maja vigoureux ; nous incisâmes près de sa base le vaisseau interne de la branchie fixée au-dessus de la deuxième paire de pattes ;
puis nous y insufflâmes de l'air à l'aide d'un petit tube
tiré à la lampe. A l'instant même nous vîmes des bulles
de gaz arriver en grand nombre dans la cavité du cœur.
Les contractions de cet organe nous semblèrent perdre
leur régularité ; elles devinrent plus lentes et eurent
lieu à des intervalles plus éloignés. Nous noterons que
dans cette opération l'air ne pénétra pas dans les branchies du côté opposé.

(25)

Ces deux expériences, faites sur le vaisseau externe
et sur le vaisseau interne, et répétées tant sur des ma-
jas que sur d'autres Crustacés, prouvent 1°. que les
vaisseaux externes des branchies ne vont pas s'ouvrir
dans le cœur; 2°. que les vaisseaux internes, au contraire, aboutissent directement dans la cavité de cet organe.

On se rappellera que par d'autres expériences rela-
tées plus haut, nous avons constaté que le sang veineux
arrive continuellement aux vaisseaux externes des branchies, et qu'après avoir traversé l'appareil respiratoire,
il passe dans les vaisseaux internes pour aller se rendre
à d'autres parties. Or, le vaisseau externe ou afférent
ne s'ouvrant pas dans le cœur, et le vaisseau interne ou
efférent allant au contraire s'y ouvrir directement, il
s'en suit que le sang veineux qui arrive aux branchies
ne vient point du cœur; mais que celui-ci reçoit de ces
organes le sang devenu artériel par son passage à travers
leur réseau capillaire.

Etant parvenus à prouver que le sang se dirige des
branchies vers le cœur, il fallait rechercher si les canaux
destinés à établir cette communication s'ouvraient directement dans les parties latérales de cet organe, ainsi que
M. Cuvier croit l'avoir aperçu dans le homard, ou bien
s'ils débouchaient dans un canal longitudinal, qui re-
monterait de la région ventrale vers la partie inférieure
du cœur, comme le même savant pense que cela a lieu
dans le Bernard-l'Hermite.

Ayant mis à découvert de la même manière que dans
les expériences précédentes, le cœur et les branchies
d'un maja, nous ouvrîmes la cavité du cœur, puis nous

4

fîmes la section du vaisseau interne de l'avant-dernière
branchie du côté droit , et nous plaçâmes dans le bout
inférieur de ce vaisseau l'extrémité d'une pipette remplie d'un liquide coloré en noir. Le poids de la colonne
de liquide suffit pour le faire descendre dans le vaisseau
interne de la branchie. Bientôt ce vaisseau se remplit
entièrement et l'on vit aussitôt après l'injection remon-
ter dans un canal situé immédiatement au-dessous de la
voûte des flancs ; enfin , elle pénétra dans la cavité du
cœur par la partie latérale correspondante de cet organe.

En employant ce mode d'investigation pour déterminer la route que suit le sang en se portant des
branchies au cœur, chez le tourteau, le portune, le
homard , l'écrevisse et le palemon , nous obtînmes
constamment le même résultat. Toujours le liquide
que nous laissâmes couler dans des vaisseaux internes
ou efférens des branchies passa dans les canaux situés
sous la voûte des flancs, et de ces canaux dans la cavité du cœur par des ouvertures qui occupent les côtés de cet organe. Jamais l'injection ne parvint au
cœur en passant par un gros vaisseau qui aurait longé
la ligne médiane du sternum et serait venu s'ouvrir à
sa partie postérieure et inférieure. Au résumé , nous
voyons donc 1°. que le sang arrive aux branchies par
chacun des vaisseaux situés à la face externe de ces organes ; 2°. qu'après avoir traversé les lames branchiales
et être devenu artériel , il passe dans les vaisseaux internes des branchies ; 3°. que ces vaisseaux efférens communiquent avec le cœur, et 4°. enfin que cette communication a lieu par l'intermédiaire de canaux qui vont

s'ouvrir directement aux parties latérales de cet organe.

Nous n'avons pas eu l'occasion de répéter ces expériences sur les pagures, mais l'analogie nous porterait à croire que ces animaux présentent sous ce rapport la même structure que les autres Crustacés décapodes soumis à notre examen.

Le succès complet des expériences dont nous venons de rendre compte, nous suggéra l'idée d'employer des moyens analogues pour découvrir le trajet que suit le sang en se portant du cœur aux différentes parties du corps ; car les considérations que nous avons déjà exposées nous faisaient craindre qu'en injectant directement les liquides dans la cavité du cœur ils ne s'engageassent en même temps dans les vaisseaux artériels et veineux, ce qui n'aurait pas permis de distinguer les uns des autres.

Nous crûmes donc devoir répéter l'expérience, qui consistait à introduire un liquide coloré par le vaisseau interne de la branchie, mais avec cette différence qu'au lieu d'ouvrir le cœur, nous le laisserions intact, afin que par ses contractions il pût chasser dans les artères le liquide coloré que nous y ferions pénétrer. Nous pensions que dans ce cas l'injection venant se mêler au sang, circulerait avec lui.

Après avoir mis à découvert sur un maja le cœur et les branchies, nous incisâmes le vaisseau interne ou efférent de la dernière pyramide branchiale du côté droit et nous y plaçâmes l'extrémité déliée d'une pipette de verre contenant un liquide coloré en noir. Comme dans les expériences précédentes, nous n'employâmes aucun moyen de compression pour faire marcher l'injection, son propre poids étant suffisant pour la faire descendre dans le vaisseau. Bientôt nous vîmes la colonne de liquide s'arrêter dans notre tube, descendre ensuite, puis rester stationnaire chaque fois que le cœur se contractait, et recommencer enfin à marcher lors de la dilatation de cet organe. Peu à peu notre injection s'introduisit dans la cavité du cœur et s'engagea aussitôt dans tous les vaisseaux qui en partent.

Après avoir prolongé pendant un temps convenable cette expérience, nous ouvrîmes le cœur, nous abstergeâmes l'injection contenue dans sa cavité, et nous introduisîmes successivement dans chacun des vaisseaux qui en naissent, un petit tube à l'aide duquel nous aspirâmes le liquide qui y était contenu. Partout ce liquide était coloré en noir, si ce n'est dans les canaux des branchies, situés sur les parties latérales de l'organe (1). Il est donc évident que dans l'état naturel tous ces vaisseaux, à l'exception des canaux dont nous venons de faire mention, sont destinés à porter le sang du cœur aux différentes parties du corps, ou en d'autres termes, que tous ces vaisseaux sont des artères.

Nos expériences nous ont par conséquent appris, et nous rappelons à dessein ces résultats, que le liquide contenu dans le vaisseau externe des branchies ne vient point du cœur; que le sang va de ce vaisseau dans le vaisseau

---

(1) Il est essentiel de noter ici qu'aucune portion du liquide coloré ne passa du cœur aux branchies du côté opposé à celui par où nous l'avions introduit; ce qui est encore une nouvelle preuve que le cœur, en se contractant, n'envoie pas de sang aux branchies.

(29)

interne des branchies , en traversant le réseau capillaire
de ces organes ; que de là il passe dans des canaux situés
sous la voûte des flancs , pour être versé dans la cavité
du cœur ; enfin , qu'à l'exception de ces canaux , tous
les troncs vasculaires en communication directe avec lui,
sont des artères destinés à porter le liquide nourricier
à tout ce corps.

Pour compléter la partie physiologique de notre travail, il ne nous restait plus qu'à déterminer la route
que suit le sang pour revenir des différentes parties du
corps aux branchies, afin d'y acquérir les qualités nécessaires à l'entretien de la vie. C'est ce que nous
avons tenté de découvrir par de nouvelles expériences.

Nous mîmes encore à découvert, sur un maja femelle
plein de vie, le cœur et les branchies, après quoi nous
ouvrîmes le vaisseau externe ou afférent de l'un de ces organes, et nous y fîmes entrer une pipette remplie d'un liquide coloré que nous dirigeâmes vers la base de la branchie. Au même instant, le liquide descendit en totalité
dans le vaisseau ; nous en renouvelâmes la dose et il con-
tinua encore à descendre , quoique beaucoup plus len-
tement ; enfin il s'arrêta.

Pendant cette opération l'animal témoigna de la gêne,
mais les battemens de son cœur ne paraissaient ni ralen-
tis , ni accéléres. Le liquide coloré n'avait point pénétré dans l'intérieur de cet organe, ni dans les artères ,
car le liquide que nous en retirâmes par l'aspiration
était parfaitement blanc ; l'injection ne se voyait pas
davantage dans les vaisseaux internes des branchies ;
mais tous les troncs vasculaires situés sur la face externe
des pyramides branchiales du côté droit étaient co-

lorés en noir depuis leur base jusqu'à leur sommet , ce qui provenait de la libre communication de tous ces vaisseaux externes entre eux.

Comme il nous importait de ne pas confondre l'imbibition des parties avec la circulation dans le système vasculaire , nous nous empressâmes d'ouvrir l'animal , afin de voir le trajet que le liquide, introduit en si grande abondance , avait parcouru. Nous incisâmes la voûte des flancs près de leur base , entre l'insertion des branchies et l'articulation des pattes; et nous découvrîmes dans cet espace semi-circulaire une sorte de canal flexueux, à parois extrêmement minces, renflé en manière de sinus et rempli par l'injection. Tous les vaisseaux afférens ou externes des branchies naissaient de ce golfe veineux.

Après avoir constaté l'existence de ce curieux appareil que nous décrirons plus en détail dans la seconde partie de notre travail, nous voulûmes savoir si le liquide coloré dont ces espèces de golfes étaient remplis s'y était arrêté ou s'il avait pénétré plus loin ; à cet effet , nous incisâmes les pattes et les arceaux inférieurs du thorax , et nous trouvâmes des traces non équivoques de la présence de l'injection entre les muscles situés dans ces parties , ainsi que dans la substance du foie.

Nous répétâmes à plusieurs reprises cette expérience , et toujours nous obtînmes un résultat analogue. Seulement dans un cas l'injection pénétra des sinus veineux , d'un côté du corps , dans ceux du côté opposé ; ce qui démontre une communication plus ou moins directe entre ces deux systèmes latéraux de golfes veineux.

(31)

Pour bien saisir l'importance de cette expérience, il
faut se rappeler celle qui a déjà été faite pour constater la marche du sang dans le vaisseau externe de la
branchie. Toujours nous avions vu le sang affluer
dans ce vaisseau ; mais nous ignorions d'où il arrivait. Or, nous apprenons par cette dernière expérience
que ce liquide provient d'un système de sinus placé
de chaque côté du thorax, au-dessus des pattes ; et que
ces sinus eux-mêmes le reçoivent de toutes les parties
du corps : ce résultat, ajouté à ceux obtenus par les expériences précédentes , complète la connaissance du
cercle circulatoire des Crustacés.

En effet, nous avons prouvé par des observations
directes , 1°. que le sang ne peut arriver aux branchies
que par les vaisseaux situés à la face externe de ces organes ;

2°. Que de là ce liquide traverse les lames branchiales , passe au côté interne de la branchie et arrive
dans le vaisseau qu'on y remarque ;

3°. Que du vaisseau interne de la branchie le sang
se dirige vers le cœur en traversant des canaux logés
sous la voûte des flancs ;

4°. Que tous les vaisseaux en communication directe
avec le cœur , à l'exception des canaux latéraux dont
il vient d'être question , sont des artères destinées à
porter le liquide nourricier dans toutes les parties du
corps ;

5°. Enfin , que le sang qui a servi à la nutrition des
divers organes et qui est ainsi devenu veineux, afflue
de toute part dans de vastes sinus latéraux , d'où il revient dans les vaisseaux externes des branchies, pour se

convertir bientôt en sang artériel , et parcourir de nouveau le cercle que nous venons de tracer.

En résumé , le sang va donc du cœur aux différentes
parties du corps , de ces parties aux sinus veineux ; des
sinus veineux aux branchies , et de là au cœur.

La circulation des Crustacés est donc analogue à celle
des mollusques , et ce résultat, comme on le voit , confirme pleinement l'opinion émise à ce sujet par M. Cuvier dans ses leçons d'anatomie comparée.

Dans la seconde partie de ce travail , nous présente-
rons la description anatomique des divers organes de la
circulation ; mais il était nécessaire de résoudre d'a-
bord la question physiologique par des expériences sur
les animaux vivans ; l'anatomie seule ne pouvait nous
fournir des lumières suffisantes pour comprendre et ex-
pliquer cette importante fonction.

DEUXIÈME PARTIE.

ANATOMIE.

La première partie du travail que nous avons eu l'honneur de présenter à l'Académie des Sciences avait pour
objet de déterminer par l'expérience le mode de circulation dans les Crustacés. Nos recherches ont été entre-
prises sur des espèces variées , et comme nous étions
placés dans un lieu favorable à l'observation, nous avons
pu les répéter sur un très-grand nombre d'individus :

celle circonstance mérite d'être notée , car elle ajoutera
nécessairement quelque valeur aux résultats que nous
avons obtenus.

Il nous reste maintenant, pour compléter notre travail , à présenter la description anatomique des vaisseaux
artériels et des conduits veineux qui constituent le cercle
circulatoire que nous avons tracé. Ces canaux sont nombreux ; leur trajet est long , très-varié , et la description
que nous allons en faire pourra être de beaucoup res-
treinte , en renvoyant aux planches qui accompagnent
notre travail, et qui représentent avec fidélité la distribution de chacun d'eux.

Voulant rattacher la structure des animaux qui nous
occupent à celle des Mollusques et à celles des Anné-
lides, des Arachnides et des Insectes, nous avons examiné l'appareil circulatoire dans les divers ordres des
Crustacés , en commençant par ceux dont l'organisation
est la plus compliquée , et en étudiant ensuite les espèces dont l'organisation est la plus simple.

Pour éviter des répétitions inutiles, et pour donner
en même temps à nos descriptions l'exactitude nécessaire, nous avons toujours choisi comme type de chaque
ordre une espèce commune, et nous nous sommes bor-
nés à indiquer ensuite les différences caractéristiques
qui se sont offertes ailleurs. Au reste , notre objet principal n'étant pas de faire connaître dans tous leurs détails
les modifications de l'appareil circulatoire ; des descriptions minutieuses , et reproduites dans un grand nombre
d'espèces , eussent été pour le moins inutiles. Nous
nous sommes proposés seulement d'envisager la question
sous un point de vue général , en constatant les faits né-

cessaires à la connaissance précise de la circulation, et nous espérons avoir atteint ce but.

SYSTÈME CIRCULATOIRE DES CRUSTACÉS.

DÉCAPODES BRACHYURES.

§ Ier. *Du cœur.*

Le cœur, dans le Maja ainsi que dans les autres Crustacés décapodes, est placé sur la ligne médiane du corps, à la partie supérieure et moyenne du thorax ; il occupe l'espace compris entre le sommet des flancs et entre deux lignes transversales que l'on ferait passer, l'une au devant, l'autre en arrière de la troisième paire de pattes ambulatoires. Comme M. Latreille l'a très-bien remarqué sur l'Ecrevisse, la situation précise de cet organe peut toujours être reconnue aux impressions que l'on voit sur la carapace (1), car il est placé immédiatement au-dessous de l'espèce d'X que l'on y remarque. C'est en généralisant cette observation, que M. Desmarest (2) a été conduit à donner le nom de *région cordiale* à la portion du test qui recouvre le cœur, et qui est presque toujours assez bien circonscrite par des impressions latérales servant à l'insertion de muscles dont nous parlerons dans une autre occasion. Dans le Maja, cette région est de forme hexagonale.

Après avoir enlevé le test, on ne découvre pas encore le cœur ; il existe au-dessus de lui diverses membranes

<hr>

(1) *Dict. d'Hist. nat.*, art. ECREVISSE.

(2) *Considérations générales sur les Crustacés*, p. 20, et *Hist. nat. des Crustacés fossiles.*

que nous examinerons ailleurs. L'une d'elles, la plus
profonde, mérite de fixer l'attention ; elle est transparente, et d'un ténuité très-grande : son aspect rappelle
les tuniques séreuses des animaux vertébrés ; c'est
une espèce de membrane péritonéale qui, après avoir
tapissé la carapace, se reploie sur les organes situés
au-dessous d'elle, et revêt chacun d'eux en particulier,
en même temps qu'elle leur fournit une enveloppe commune. Des prolongemens laminaires s'en détachent,
forment des gaînes pour les muscles qui fixent le cœur
aux parties voisines, et s'étendent entre les intervalles
que les faisceaux charnus de cet organe laissent entre
eux. Ces expansions membraneuses, qui entourent ainsi
le cœur de toute part, servent à compléter les parois de
sa cavité, et fournissent des points d'insertion à ses
fibres musculaires intrinsèques. Enfin, parvenues au-
dessous de lui, elles se réfléchissent en une cloison ho-
rizontale qui réunit les flancs, et le sépare de l'appareil générateur et du foie.

Cette disposition est importante à noter, car elle peut
influer d'une manière marquée sur l'action des agens
mécaniques de la circulation.

Le cœur du *Maja squinado* est d'une couleur blanchâtre, et formé par un grand nombre de faisceaux
musculaires dirigés en plusieurs sens, entrecroisés, et
réunis par une membrane commune, mince et transparente. Sa forme est très-remarquable, et n'a point fixé
jusqu'ici l'attention ; elle est rayonnée et semble résulter de la superposition de trois étoiles dont les branches ou rayons ne se corresponderaient pas (1).

(1) *Voy.* pl. 24, *N*. Le cœur est ici ouvert, et on ne peut prendre

L'étoile supérieure, formée par la couche musculaire externe, est celle dont les branches sont le plus nombreuses : on en compte huit ; quatre latérales, une antérieure, une postérieure et deux supérieures. Les latérales ou externes, au nombre de deux de chaque côté, sont les plus longues ; l'antérieure et la postérieure occupent la ligne médiane, et les deux autres sont placées au milieu même de la face supérieure du cœur : ces derniers rayons sont verticaux, coniques, triangulaires, adossés l'un a l'autre, et fixés au test par leur pointe. A la base de chacune de ces espèces de pyramides aiguës, la surface du cœur présente deux enfoncemens arrondis, qu'au premier abord on prendrait pour des trous, mais qui ne sont réellement que des intervalles que laissent entre eux les faisceaux charnus ; ils se trouvent exactement clos par la membrane transparente que nous avons dit entourer le cœur de toute part. Cette disposition est importante à noter, car M. Lund, ainsi qu'il a déjà été dit, a avancé que dans le Homard il existait à la face supérieure du cœur quatre ouvertures qui faisaient communiquer sa cavité avec l'extérieure (1) : un examen attentif montre bientôt que l'apparence a été prise ici pour le fait (2).

La seconde couche étoilée s'aperçoit au-dessous de la précédente et à la partie postérieure du cœur, où elle ne

une idée exacte que de son contour ; les branches verticales qui le fixaient à la carapace ont été nécessairement enlevées dans cette coupe.

(1) *Isis*, mai 1825.

(2) *Voy.* pl. 28, fig. 1, *N*, le cœur du Homard offrant des dépressions arrondies, qu'à la première inspection on pourrait prendre pour des trous.

présente que deux prolongemens aigus situés de chaque
côté du rayon postérieur de la première couche char-
nue. Enfin , les branches de la troisième étoile , au
nombre de quatre , sont dirigées en dehors , et forment
la couche la plus profonde. Ces espèces de cônes musculaires fixent par leur sommet, le cœur aux parties voisines , et constituent , en s'entrecroisant à leur base , la
majeure partie des parois de cet organe.

Lorsqu'on ouvre le cœur , on voit que sa cavité n'est
pas tapissée par une tunique membraneuse continue
comme l'est sa face extérieure. Un grand nombre de
colonnes charnues se portent d'une paroi à l'autre , s'en-
trecroisent en différens sens , et semblent diviser son intérieur en plusieurs loges plus ou moins complètes correspondant aux orifices des vaisseaux qui partent du
cœur ou qui y aboutissent (1). La plus grande de ces espèces de cellules occupe la partie postérieure de l'organe ; les autres sont placées en avant ou sur les côtés ,
et toutes communiquent entre elles pendant la diastole
du cœur, c'est-à-dire, au moment où il se dilate pour
recevoir le sang qui vient des branchies ; mais il n'en est
pas de même pendant la contraction de cet organe : les
rubans musculeux se ressèrent et paraissent constituer
les parois d'autant de cellules qui , placées à l'orifice
des artères , distribuent à chacune d'elles une quantité
de sang proportionnée à leur calibre. Le nombre de ces
cellules incomplètes présente donc un certain rapport
avec celui des ouvertures vasculaires qu'on remarque
dans la cavité du cœur : celles-ci sont au nombre de

(1) *Voy.* pl. 26, fig. 3 , *N.*

huit ; il en existe deux sur les côtés, une en arrière, deux à la paroi inférieure, et trois en avant.

Les ouvertures latérales constituent à droite et à gauche deux larges trous ovalaires, dont le grand diamètre est longitudinal ; leur contour est garni d'un repli membraneux (1). Ce repli fait l'office d'une valvule, et est disposé de manière à permettre un libre passage du dehors en dedans ; mais à intercepter, en se rabattant, toute communication du dedans en dehors. C'est à cause de l'existence de ces soupapes que dans les expériences de M. Cuvier et dans celles qui nous sont propres, les injections n'ont jamais passé du cœur aux branchies, bien qu'elles aient pénétré facilement de celles-ci dans l'intérieur du cœur. Au fait, ces deux trous latéraux sont les orifices des canaux qui versent dans le cœur le sang venant des branchies.

En arrière et au fond de la cavité du cœur, on aperçoit une troisième ouverture ovalaire, très-large, et dont le grand diamètre est transversal. Cette ouverture, située tantôt à droite, tantôt à gauche, mais jamais sur la ligne médiane, est l'orifice d'une grosse artère destinée à porter le sang à l'abdomen, à toute la partie inférieure du corps et aux appendices qu'on y remarque (2). Ses bords présentent deux valvules formées par de larges replis membraneux ; elles servent à empêcher le sang de refluer de l'artère dans la cavité du cœur chaque fois que cet organe se dilate. Pour s'assurer de ce fait, il suffit de souffler sur l'ouverture en question à l'aide d'un petit tube ; toutes les fois que le jet d'air

(1) *Voy.* pl. 26, *N''''*, l'ouverture du côté gauche mise à découvert.
(2) *Voy.* pl. 24, *N*, et pl. 26, fig. 3, *N'''*.

tombe sur les valvules , elles s'entrouvrent et laissent un libre passage du cœur dans l'artère; mais pour peu que l'on fasse pénétrer l'extrémité du tube dans l'intérieur de l'artère , et que l'on souffle avec force , l'air qu'on y introduit tend à rentrer dans le cœur , et on voit alors les valvules se rapprocher de manière à fermer le plus exactement possible l'orifice qu'elles garnissent, en s'appliquant contre le tube placé entre leurs bords.

Voici donc déjà trois appareils valvulaires bien distinctes , et cette disposition est d'autant plus importante à noter qu'aucun anatomiste n'avait jusqu'ici signalé leur existence. Au contraire , il est dit expressément , dans l'ouvrage le plus récent sur les Crustacés (1) , que ces animaux n'ont aucune valvule dans l'intérienr de leur cœur.

A la paroi inférieure du cœur et plus en avant se trouvent deux autres ouvertures circulaires , peu éloignées l'une de l'autre (2) ; elles appartiennent aux artères du foie , et leur contour présente encore des valvules moins complètes que celles dont il vient d'être question ; c'est-à-dire , formées par un seul repli membraneux sigmoïde qui , en s'élevant , s'applique contre leur orifice.

Enfin , tout-à-fait antérieurement , l'on rencontre trois autres trous vasculaires , arrondis , assez petits et disposés en triangle; les deux trous de la base appartiennent aux artères antennaires. Celui du sommet , situé sur la ligne médiane, conduit dans l'artère ophthalmique (3).

(1) *Considérations générales sur la classe des Crustacés*, par M. Desmarest , p. 57.

(2) *Voy*. pl. 24 , *N*, et pl. 26, fig. 3 , *N''*.

(3) *Voy*. pl. 26, fig. 3 , *N'*.

En résumé , nous voyons donc que le cœur du Maja reçoit par ses parties latérales deux canaux venant des branchies , et que les vaisseaux qui naissent de cet organe sont au nombre de six : trois antérieurs , deux inférieurs , et un postérieur. Ces divers troncs vasculaires envoient des ramifications dans toutes les parties du corps , et constituent le système artériel dont nous allons maintenant nous occuper ; car nous ajouterons peu de chose sur la disposition du cœur dans les autres Crustacés brachyures ; sa forme est peu variable , presque toujours moins étoilée que dans le Maja , quelquefois plus élargie comme dans le Tourteau , le Portune , etc. , ou bien sensiblement ovalaire comme dans le Carcin. Quant aux orifices des vaisseaux qu'on remarque à ses parois , nous les avons toujours trouvés en même nombre que dans le Maja , et situés exactement de même.

§ II. *Système artériel.*

Les six troncs artériels que nous avons vu partir du cœur en avant, en bas et en arrière, se rendent chacun à des organes importans qui nous ont servi à les dénommer.

Des trois vaisseaux antérieurs, le moyen, destiné à porter le sang aux organes de la vue, recevra le nom d'*artère ophthalmique*; les deux autres, qui se terminent aux antennes, seront appelés *artères antennaires.* Nous nommerons *artères hépatiques* les deux vaisseaux qui partent de la face inférieure du cœur pour se distribuer immédiatement au foie. Enfin , la grosse artère, qui naît postérieurement et qui vient se placer sur la ligne moyenne à la face inférieure du thorax et au-dessus du sternum , portera le nom d'*artère sternale*.

A. *Artère ophthalmique.*

Cette artère , ainsi que nous l'avons déjà dit , provient de la partie antérieure du cœur, et en occupe la ligne médiane ; elle se dirige immédiatement en avant au-dessous des membranes tégumentaires , au-dessus du foie , passe entre les muscles de la tige des mandibules , entre ceux de l'extrémité postérieure de l'estomac et entre les muscles antérieurs de cet organe (1). Dans tout ce trajet , l'artère ophthalmique ne fournit aucune branche ; mais , parvenu à ce point , elle donne naissance à deux rameaux qui se distribuent aux membranes des deux pointes antérieures de la carapace ; bientôt après elle se bifurque ; chaque branche se porte directement en dehors , et s'engage après un court trajet dans les pédoncules des yeux (*œ*). Il résulte de cette disposition que ces organes doivent recevoir une quantité considérable de sang ; car l'artère ophthalmique est assez grosse et fournit à peine quelques ramuscules aux parties environnantes.

Sous tous ces rapports , les autres Crustacés décapodes brachyures ne nous ont paru différer en rien du Maja.

B. *Artères antennaires.*

Les artères antennaires ont un calibre plus fort que celui de l'artère ophthalmique à côté de laquelle elles naissent (2). Ces deux vaisseaux sont d'abord très-su-

(1) *Voy.* pl. 24 , n°.

(2) *Voy.* pl. 24 , n°.

perficiels, et logés entre les lames de la membrane tomenteuse (*T*) qui tapisse la carapace, mais ils l'aban-
donnent ensuite pour devenir plus profonds. Leur direction générale est oblique en avant et en dehors. Ils marchent d'abord au-dessus des organes de la génération ,
(*Q*) puis s'enfoncent entre eux et le foie (*M*), gagnent
le bord de la carapace et s'y terminent en donnant plusieurs branches.

La disposition de ces artères est bien différente de
celle de l'ophthalmique, car au lieu de ne se diviser qu'à
leur terminaison elles fournissent pendant tout leur
trajet un grand nombre de rameaux considérables.

La première branche, qui en raison de son volume,
mérite d'être mentionnée, se sépare de l'artère antennaire à quelques lignes au devant du cœur, se recourbe
en dehors et en arrière, se prolonge jusqu'au bord postérieur de la carapace et fournit de nombreux rameaux
à la membrane tomenteuse (*T*). Il en est de même de
plusieurs autres branches qui se distribuent en même
temps à l'estomac (*I*) et aux muscles qui l'avoisinent.
L'une d'elles après s'être séparée du tronc commun, immédiatement avant que celui-ci ne plonge au-dessous des
organes de la génération , se recourbe en dehors et en
arrière et se fait remarquer par son volume considérable ;
elle envoie suivant les sexes quelques ramuscules aux
ovaires ou aux testicules, mais c'est principalement dans
la membrane tomenteuse qu'elle se répand pour con-
courir à la formation du réseau vasculaire qui la distingue et dont nous aurons occasion de faire connaître
ailleurs les usages importans. L'artère antennaire ayant
quitté brusquement la membrane tomenteuse pour s'en-

foncer au-dessous des organes de la génération (Q) et étant parvenue au bord antérieure du foie, fournit un rameau aux muscles propres des mandibules (*r*), puis se divise en trois branches terminales. Deux d'entre elles se dirigent en dehors et en bas pour se distribuer aux tégumens et à quelques muscles voisins, l'autre continue son trajet en avant et pénètre dans la tige des antennes (*j*).

Les artères antennaires distribuent donc le sang à la membrane tomenteuse de la carapace, aux muscles des mandibules et de l'estomac, à la face supérieure de ce viscère, à la portion antérieure des organes de la génération et aux antennes.

Les rapports, le mode de distribution, et le volume relatif des artères antennaires, sont essentiellement les mêmes dans tous les Crustacés décapodes brachyures que nous avons examinés (1); les principales différences que l'on remarque ne consistent guère que dans leur direction; chez le Tourteau, par exemple, elles se portent d'avantage en dehors et cette disposition coïncide toujours avec l'élargissement de la carapace.

C. *Artères hépatiques.*

Les deux artères hépatiques qui naissent de la face inférieure du cœur (2) sont d'abord peu éloignées l'une de l'autre et plongent presqu'immédiatement entre les lobules du foie (3). Bientôt elles se recourbent en de-

(1) Des dessins que nous ne reproduisons pas ici, afin de ne pas augmenter inutilement le nombre des planches, montrent les mêmes parties dans des espèces voisines.

(2) *Voy*. pl. 26, fig. 3, *N* ".

(3) *Voy*. pl. 26, fig. 1, D .

dans en manière de crosse, fournissent deux branches,
l'une antérieure, l'autre postérieure , et viennent se
réunir sur la ligne médiane du corps en un seul tronc
dont le volume est considérable. Cette disposition très-
curieuse et dont on ne connaît que peu d'exemples,
nous rappelle celle des deux artères vertébrales qui, chez
l'homme , se réunissent dans l'intérieur du crâne pour
former l'artère basilaire. L'artère médiane ainsi formée,
se porte directement en arrière, et parvenue au-devant
de la portion verticale de l'artère sternale , se divise en
deux branches d'inégale volume qui passent à droite et
à gauche de ce tronc vasculaire et vont se terminer en se
ramifiant à l'infini dans la masse postérieure du foie (1).

Les deux branches que nous avons vu naître en avant,
de chaque artère hépatique avant leur réunion sur la
ligne médiane , se distribuent aussi à la substance du
foie , et ne tardent pas à se bifurquer ; le rameau interne
s'accole aux parois latérales de l'estomac, leur fournit
plusieurs artérioles , puis se recourbe en dehors et se
termine dans les lobules antérieurs et inférieurs du foie ;
au contraire , le rameau externe se recourbe en dedans,
et se répand dans toute la partie externe et supérieure
de ce viscère. Quant à la branche postérieure qui naît
de chaque tronc hépatique, elle porte le sang dans la
portion médiane du foie , située principalement entre les
flancs, et ne présente rien de remarquable.

Il s'en faut de beaucoup que les artères hépatiques
offrent dans tous les Crustacés décapodes brachyures la
disposition curieuse que nous venons de décrire ; elle
est toujours en rapport avec le mode de division et avec

(1) *Voy.* pl. 26, fig. 1, n³.

le nombre de lobes que présente le foie : c'est ainsi que,
dans le Tourteau, ce viscère ayant acquis un grand développement latéral, et n'ayant point de lobe moyen,
on ne voit point sur la ligne médiane le tronc commun
qui existe dans le Maja. Les branches antérieures ont
acquis, au contraire, un volume extraordinaire, et les
branches postérieures sont restées presque rudimentaires.

D'après ce que nous venons de dire, on voit que, chez
les animaux qui font le sujet de nos recherches, le système artériel du foie est extrêmement développé; ce
qui n'a pas lieu de nous surprendre à raison du volume
de ce viscère, et de la disposition que nous avons découvert dans le système veineux. On sait que dans la plupart des animaux, une grande portion du sang veineux
traverse le foie et paraît servir à la sécrétion d'une partie
de la bile. Dans les Crustacés, au contraire, la presque
totalité du sang veineux suit une toute autre route, et
le sang artériel lui seul doit en même temps nourrir le
foie et fournir à la sécrétion de la bile.

D. *Artère sternale.*

L'artère sternale est l'artère la plus volumineuse du
corps ; elle est principalement destinée à porter le sang
à l'abdomen et aux organes de la locomotion. Elle naît
tantôt à gauche, tantôt à droite de la partie postérieure
et inférieure du cœur (1), et cette disposition est due au
trajet du canal intestinal qui, occupant toujours la ligne médiane du corps, l'oblige de passer à côté de lui.

(1) *Voy.* pl. 26, fig. 3, *N'''*.

(46)

Aussitôt après sa naissance (1), l'artère sternale s'enfonce verticalement entre les deux lobes postérieurs du foie , puis elle passe au-devant de la selle turcique postérieure (*G'*) , se recourbe en avant, gagne la face inférieure du thorax (2) , se prolonge jusqu'à la selle turcique antérieure et s'y termine.

Dans ce long trajet, elle fournit un grand nombre de vaisseaux d'un volume considérable. Le premier que nous devons faire connaître , est un des plus importans ; c'est l'*artère abdominale supérieure* (3). Elle naît de la partie postérieure de l'artère sternale, au-dessus de la selle turcique postérieure ; pénètre bientôt dans l'abdomen et se divise en deux grosses branches qui continuent leur trajet en arrière , s'accolent aux parties latérales du tube digestif (*l*), et, devenant de plus en plus grêles , se terminent à l'anus.

Au niveau de chaque anneau , les branches de l'artère supérieure de l'abdomen fournissent des vaisseaux qui se portent transversalement en dehors et donnent des ramuscules aux membranes tégumentaires ; les quatre premiers , plus considérables que les autres , sont particulièrement destinés aux appendices de l'abdomen dans lesquels ils s'engagent et se terminent.

Après avoir donné naissance à l'artère abdominale supérieure , l'artère sternale se recourbe en avant pour longer la ligne médiane de tous les sternums réunis (4),

(1) *Voy.* pl. 24 , n⁴.
(2) *Voy.* pl. 25 , n⁴ˣ.
(3) *Voy.* pl. 24 et 25 , n¹.
(4) *Voy.* pl. 25 , n⁴, artère sternale ; n¹⁺, artères des pattes ; n¹'', branches terminales de l'artère sternale.

et pour fournir les artères des pattes et des pieds-mâchoires. Ces vaisseaux sont au nombre de huit de chaque
côté; les cinq premiers (en comptant d'arrière en avant)
sont destinés aux appendices locomoteurs : ils se font
remarquer par leur volume. Chacun d'eux se porte plus
ou moins directement en dehors en se rapprochant de
la paroi sternale de la cellule inférieure des flancs qui
lui correspond (pl. 25 , G'); là, ils fournissent plusieurs branches dont une mérite de fixer l'attention ;
elle se porte en haut et en avant, pénètre dans les deux
cellules supérieures des flancs, et se ramifie dans les
muscles qui y sont logés (2). Des injections très-fines
nous ont appris que les artérioles nourricières des branchies naissent aussi de ces branches supérieures (3).

Après être sorti des cellules inférieures des flancs ,
les artères des pattes pénètrent dans ces appendices , et
s'y divisent en un grand nombre de rameaux qui portent le sang aux tégumens et aux muscles de chaque
articulation. Les trois autres vaisseaux que nous avons
dit naître de chaque côté de l'artère sternale , ou les plus
antérieurs , ont un volume peu considérable , et sont
destinés aux trois paires de pieds-mâchoires (1); ils envoient des rameaux aux diverses pièces de ces appendices et en fournissent de remarquables aux espèces de
lanières ou de fouets qu'ils supportent.

La distribution de l'artère sternale est, en général ,
la même dans tous les Crustacés brachyures ; chez quelques-uns cependant elle ne parvient à la face inférieure

(1) Pl. 25 , n^{x'}.
(2) Pl. 25 , n^{x'''}.
(3) *Voy.* pl. 25, n^{x} "

du thorax qu'au niveau de la troisième paire de pattes , et alors elle présente une disposition remarquable : au lieu de fournir successivement les artères des deux paires de pattes postérieures , elle donne naissance à un tronc unique qui se porte en arrière et se divise en trois branches ; l'une d'elles , située sur la ligne médiane , est destinée à l'abdomen : les deux autres marchent en dehors et se bifurquent bientôt pour former les artères des deux dernières pattes. Cette particularité qui se voit dans le Tourteau , conduit à un mode d'organisation analogue , que nous retrouverons dans les Crustacés macroures.

Arrivé à la selle turcique antérieure, l'artère sternale se termine par deux branches qui s'écartent l'une de l'autre pour embrasser les côtés de l'œsophage (1). Presqu'aussitôt après ces vaisseaux fournissent des rameaux qui se distribuent aux deux paires de mâchoires, ainsi qu'aux mandibules ; ils donnent quelques artérioles à l'œsophage, et vont enfin se perdre à la partie antérieure et inférieure du corps, où nous sommes parvenus à les suivre jusqu'au ganglion nerveux céphalique.

En résumé , le système artériel des Crustacés décapodes brachyures se compose donc de six troncs vasculaires , dont trois naissent de la partie antérieure du cœur , deux de sa partie inférieure , et un de sa partie postérieure.

Des trois artères antérieures , l'une, située sur la ligne médiane, se distribue presque exclusivement aux yeux ; les deux autres fournissent des rameaux destinés aux tégumens qui tapissent la carapace , aux muscles de

(2) *Voy.* pl. 25, n°°.

l'estomac, à une portion des viscères , et aux antennes.
Les deux artères situées à la face inférieure du cœur ,
portent le sang au foie ; enfin les branches de l'artère
sternale se répandent dans l'abdomen , dans les pattes ,
dans les cellules des flancs , dans la substance des branchies , dans les pieds-mâchoires , dans les mâchoires
proprement dites , dans les mandibules , et enfin dans
les divers organes de la partie antérieure et inférieure du
corps.

§ III. *Système veineux.*

Dans la première partie de ces Recherches nous avons
montré que le sang qui a pénétré dans toutes les parties
du corps, et qui a servi à la nutrition des organes, ne revient pas directement au cœur , mais que ce liquide se
porte vers des sinus veineux situés sur les parties latérales du corps ; nous avons aussi constaté que de ces
golfes il passe dans le vaisseau externe des branchies ,
traverse l'appareil respiratoire , et retourne enfin au
cœur après avoir acquis les qualités nécessaires à l'entretien de la vie. Il suffit donc maintenant d'examiner la disposition anatomique de ces divers ordres de vaisseaux ,
pour compléter l'étude du cercle circulatoire ; mais avant
d'aborder ce point, nous devons faire connaître l'organisation très-compliquée du thorax ; sans quoi il nous serait
difficile de nous faire suivre dans cette description.

Le thorax du maja présente , dans son intérieur et de
chaque côté , un certain nombre de cellules qui ont une
disposition très-difficile à comprendre , mais dont il est
possible de donner une idée claire et précise à l'aide de
quelques détails.

7

Abstraction faite de la carapace, le thorax doit être
considéré comme formé par la réunion de huit segmens
qui supportent les cinq paires de pattes ambulatoires et
les trois paires de pieds-mâchoires. Les trois segmens
antérieurs sont rudimentaires et presque confondus entre
eux ; les cinq suivans ont, au contraire, un très-grand
développement : chacun d'eux est formé sur la ligne
médiane par le sternum, et sur les côtés par diverses pièces qui, réunies, constituent les flancs. Les sternums,
soudés entre eux, forment un large plastron qui occupe
la face inférieure du thorax ; les pièces des flancs qui se
joignent aussi entre elles, constituent deux espèces de
boucliers sur les parties latérales. A chaque point de sou-
dure des sternums, et à la réunion de chacune des pièces
des flancs, on voit naître des espèces de cloisons ou de
lames verticales qui, en se réunissant dans l'intérieur du
thorax, deviennent les parois d'un grand nombre de cellules ; celles-ci forment de chaque côté du corps deux
étages ; l'un, inférieur, a pour base le sternum ; l'autre,
supérieur, correspond à la voûte des flancs. Les cellules
inférieures et les cellules supérieures sont séparées entre
elles, mais incomplètement : en dehors, les unes man-
quent de voûtes et les autres n'ont point de plancher ; il
en résulte vers ce point et à la circonférence du thorax,
une série d'ouvertures qui les fait toutes communiquer
entre elles par des espaces que nous nommerons *trous
intercloisonnaires*; il s'en suit encore que les deux cellules d'un même segment ont extérieurement une ouverture commune qui reçoit la patte correspondante, tandis
que, par leur extrémité opposée, elles s'ouvrent sépare-
ment dans l'intérieur du thorax. Enfin la voûte oblique

ou l'espèce de bouclier qui, de chaque côté, résulte de
la réunion des flancs, est cachée sous la carapace et sup-
porte les branchies. La plupart de ces organes s'insèrent
au-dessous du bord inférieur de cette voûte ; mais les
deux dernières branchies se fixent à quelques lignes au-
dessus. Il existe alors deux larges trous qui communiquent avec les cellules correspondant à la deuxième et
à la troisième paire de pattes ambulatoires.

Cette description sommaire de l'organisation du thorax suffira pour l'intelligence de ce que nous devons ex-
poser maintenant touchant la disposition curieuse du système veineux.

A. *Sinus veineux.*

Les *sinus veineux* dans lesquels vient se rendre tout le
sang qui a servi à la nutrition , sont situés au bord externe des cellules des flancs, immédiatement au-dessous
des espèces d'arcades qui surmontent l'articulation de
chaque patte (1). Le nombre de ces espèces de golfes est
égal à celui des cellules; ils sont renflés , recourbés sur
eux-mêmes , et , comme nos expériences nous l'ont déjà
montré , ils communiquent tous librement entre eux.
Considérés dans leur ensemble , les sinus veineux forment de chaque côté du corps un canal semi-circulaire ,
très-dilaté dans les points qui correspondent aux cellules , mais étranglé à son passage de l'une à l'autre à
travers chaque trou intercloisonnaire. Les parois de ces
sinus veineux , d'une ténuité extrême , ne sont formées que par une lame mince de tissu cellulaire , qui , à
l'intérieur, paraît lisse et continue , tandis qu'en dehors

(1) Pl. 26, fig. 2 et 4, *n'*; et pl. 27, fig. 1, *n'*.

elle est unie aux parties voisines , et se confond si intimement avec elles , qu'il devient très-difficile de l'en
distinguer ; il semblerait même que la forme et la grandeur de ces golfes veineux sont déterminées par la disposition des lames solides et des muscles qui les entourent, de telle sorte qu'on pourrait les regarder comme
de simples lacunes tapissées par un tissu cellulaire membraneux.

Chacun des sinus veineux reçoit plusieurs veines ;
l'une d'elles rapporte le sang des pattes (1) ; un autre
provient des muscles situés dans les cellules des flancs (2);
enfin un troisième arrive des viscères en descendant sous
la voûte des cellules supérieures (3).

Parvenu au trou situé à la base d'une espèce d'aileron
qu'on aperçoit en avant des flancs , l'extrémité antérieure de la chaîne des sinus reçoit une grosse veine
provenant des lobes antérieurs du foie , puis elle se
rétrécit au point de ne former qu'un vaisseau assez délié,
dans lequel s'ouvrent les rameaux veineux des pieds-
mâchoires. Enfin c'est de la partie externe et supérieure
de ces mêmes sinus que naissent les vaisseaux afférens
des branchies (4).

Il existe une analogie frappante entre les sinus veineux dont nous venons de parler et les deux organes
que dans les mollusques céphalopodes on a nommé
cœurs latéraux ou *pulmonaires* (5). En effet, dans les

(1) *Ibid* n″ ; et pl. 27, fig. 1, n″.
(2) *Ibid* fig. 4 , n'.
(3) *Ibid* fig. 4 , n.
(4) Pl. 26, fig. 2 et 4, n².
(5) Pl. 27, fig. 1 et 2.

calmars , les sèches et les autres animaux de cet ordre ,
on trouve à la base de chaque branchie , un large sinus (*n'*) qui reçoit le sang venant de toutes les parties du corps , et le transmet à l'organe respiratoire
par l'intermédiaire d'un vaisseau externe (*n'*) ; ces
réservoirs veineux sont renflés et leurs parois , comme
l'a très-bien observé M. Cuvier , sont plutôt cellulaires
que charnues. Dans les Crustacés brachyures (1), la disposition des sinus veineux (*n'*) est essentiellement la
même que dans les mollusques céphalopodes ; seulement
leur nombre ainsi que celui des branchies est bien plus
grand. Aussi croyons-nous devoir comparer la circulation des Crustacés à celle des mollusques céphalopodes
plutôt qu'à celle des mollusques gasteropodes (2).

B. *Veines.*

C'est aux sinus latéraux que de toute part viennent
aboutir les *veines* du corps. Les parois de ces vaisseaux
sont d'une ténuité excessive , et ne paraissent formées
que par une lame très-mince de tissu cellulaire laminaire
unie plus ou moins intimement aux parties voisines ;
ce n'est même que près de leur terminaison aux sinus
veineux qu'on peut leur reconnaître une existence in-
dépendante ; partout ailleurs elles sont presque con-
fondues avec les muscles , les lames osseuses , ou les
tégumens qui les entourent. Cette disposition curieuse
conduit évidemment à l'organisation des insectes dont
le liquide nourricier n'étant plus renfermé dans un

(1) Pl. 27, fig. 1.
(2) Cuvier, *Leçons d'Anatomie comparée*, tom. iv, p. 409.

système particulier de canaux, occupe les lacunes que les divers organes laissent entr'eux. Elle nous explique aussi les grandes difficultés que nous avons éprouvées dans l'injection de ces vaisseaux. En effet, les veines qui débouchent dans les sinus latéraux, et ces sinus eux-mêmes, n'étant, pour ainsi dire, que des lacunes tapissées par du tissu cellulaire laminaire, on ne peut les isoler complètement des parties voisines, et la plupart des injections que l'on y introduit s'épanchent avec une grande facilité entre les mailles de ce tissu, et dans toutes les parties voisines. C'est pour cette raison, et non à cause de l'existence de valvules dont nous n'avons découvert aucune trace, qu'il nous a été impossible de poursuivre ces canaux délicats dans toute leur longueur; c'est aussi pour ce motif que nous ne décrirons que les gros troncs, seuls conduits de cet ordre ayant les caractères qui constituent un vaisseau.

Les veines destinées à rapporter le sang des pattes aux sinus latéraux se réunissent en un tronc commun situé à la partie antérieure et externe de ces appendices, entre les muscles et les parties dures (1). Dans les pieds-mâchoires, les canaux veineux se voient à la même place, et de plus, on en distingue dans l'appendice en forme de fouet qu'ils supportent; ils en occupent le pourtour, et viennent s'ouvrir directement dans les sinus correspondans: les injections nous l'ont plusieurs fois démontré. Les veines des muscles contenus dans les cellules des flancs paraissent se réunir presque toutes pour former de petits vaisseaux qui viennent se terminer à l'extrémité postérieure des sinus veineux près de

(1) Pl. 26, fig. 2 et 4, *n″*; et pl. 27, fig. 1, *n″*.

leur passage à travers les trous intercloisonnaires (1).
Enfin, les veines du foie et des autres viscères se comportent d'une manière particulière ; celles provenant
de la partie de ces organes située au - devant des
flancs s'abouchent dans un canal commun, qui se
dirige en bas, traverse le trou ovalaire que l'on remarque à la base de l'aileron des flancs, et va se terminer
dans le sinus de la cellule qui correspond à la troisième
mâchoire auxiliaire. Les veines des viscères situés en
arrière de ce point s'anastomosent entre elles près de
l'ouverture interne des cellules supérieures des flancs,
et versent le sang qu'elles contiennent dans des canaux
qui s'engagent dans ces ouvertures, descendent le long
de l'angle antérieur et supérieur des cellules que nous
venons de mentionner, et se terminent à la partie supérieure et antérieure de chaque sinus veineux (2). Dans
les deux dernières cellules ces vaisseaux sont placés immédiatement au-dessous de la voûte des flancs; mais dans
les autres, ils en sont séparés par les canaux branchio-
cardiaques (pl. 26, fig. 3, n^4) qui rapportent le sang des
branchies au cœur.

C. *Vaisseaux afférens et efférens des branchies.*

Les *vaisseaux afférens* qui naissent des sinus veineux
et qui, dans le maja, portent le sang aux branchies,
sont au nombre de cinq; ils se dirigent de suite en dehors et en haut (3). Les trois premiers passent sous les

(1) Pl. 26, fig. 4, n'.
(2) Pl. 26, fig. 4, n.
(3) Pl. 26, fig. 2, n', fig. 4, n' ; et pl. 27, fig. 1, n^2.

arcades du bord inférieur des flancs ; les deux derniers,
à travers des trous que l'on observe au-dessus des arcades
qui correspondent à la deuxième et à la troisième paire
de pattes ambulatoires. Ces vaisseaux se recourbent ensuite , et pénètrent dans les branchies correspondantes ;
le second et le troisième (en comptant d'avant en arrière) se divisent en deux branches pour se distribuer à deux paires de pyramides branchiales. Chacun
des vaisseaux afférens longe la face externe de la branchie à laquelle il se distribue et en occupe la ligne médiane ; vers la base , ces troncs vasculaires ont un calibre assez considérable , mais ils diminuent peu à peu
de volume , et deviennent presque capillaires au sommet de la branchie.

Les parois propres de ces vaisseaux afférens des branchies sont formées par une membrane mince et transparente , qui n'est qu'un prolongement de celle qui tapisse les sinus veineux ; et de plus, ils sont protégés
par une espèce de gaine assez consistante qui est fournie,
comme nous le montrerons ailleurs , par le système der-
moïde général. Dans l'état naturel il est difficile de sé-
parer ces deux tuniques ; mais la chose devient très-
facile par une macération de quelques jours dans l'al-
cool affaibli. La face externe de ces vaisseaux est libre ,
et ne donne naissance à aucune branche; mais sur les
côtés et en dedans, ils sont embrassés par les lames
branchiales. Enfin si on examine leur intérieur à l'aide
d'une forte loupe, on y aperçoit des rangées d'ouvertures d'une petitesse extrême et en nombre incalculable ;
ce sont les origines des vaisseaux capillaires qui portent
le sang dans les lames branchiales où ce liquide subit

(57)

l'action de l'air, et, de veineux qu'il était, devient
artériel.

Quant aux *vaisseaux efférens*, ils existent à la face
interne des pyramides branchiales, et se comportent exactement comme les canaux externes dont nous venons de
parler (1) ; ils reçoivent le sang après son passage à travers le réseau capillaire de ces organes, et le versent dans
d'autres conduits très-remarquables, logés dans l'intérieur du thorax, et dont nous allons maintenant nous
occuper.

D. *Canaux branchio-cardiaques.*

Nous donnons ce nom à des conduits qui semblent
être la continuation des vaisseaux efférens, et qui sont
destinés à porter le sang des branchies au cœur ; nous
en avons compté cinq de chaque côté du thorax. Ils remontent dans les cellules supérieures des flancs, et sont
logés dans une espèce de gouttière très-légèrement creusée
dans leur voûte près de leur angle antérieur (2). Le tronc
branchio-cardiaque de la dernière branchie se porte presque directement en haut et en dedans ; celui de l'avant-
dernière branchie se dirige d'abord un peu obliquement
en arrière, et se réunit au précédent près du bord interne
de la voûte des flancs. Le troisième de ces canaux (en
comptant toujours d'arrière en avant) est plus large que
les autres, et rapporte le sang des deux pyramides branchiales, fixés au-dessus de la première paire de pattes. Le
quatrième canal branchio-cardiaque appartient aux deux
branchies situées au-dessus des troisième pieds-mâchoires,

(1) Pl. 26, fig. 3, n^2 ; et pl. 27, fig. 1, n^3.
(2) Pl. 26, fig. 3, n^4 ; et pl. 27, fig. 1, n^4.

8

et reçoit le cinquième canal qui est le plus grêle et le plus antérieur de tous. Quant aux pyramides branchiales rudimentaires qu'on trouve fixées aux autres pieds-mâchoires, elles ont sans doute aussi des vaisseaux du même ordre ; mais nous ne les avons pas suivis.

Tous les canaux branchio-cardiaques d'un même côté se réunissent en un large tronc commun qui va s'aboucher à la partie latérale du cœur par une ouverture unique dont nous avons déjà donné la description (1). La valvule qui garnit cet orifice empêche le sang de refluer du cœur aux branchies ; c'est le seul obstacle qui s'oppose au passage du liquide dans cette direction ; car il n'existe aucun appareil valvulaire dans le trajet de ces conduits. Une expérience très-simple nous l'a démontré : si on introduit un liquide coloré dans le vaisseau efférent ou interne de la dernière pyramide branchiale, on le voit bientôt remplir le canal branchio-cardiaque qui y fait suite ; arrivé près du cœur, il rencontre le canal branchio-cardiaque voisin, déborde dans son intérieur et descend jusque dans le vaisseau interne de la branchie correspondante. On peut injecter de cette manière et avec la plus grande facilité tous les canaux branchio-cardiaques, et les vaisseaux efférens ou internes des branchies du même côté, en portant le liquide dans un seul d'entre eux.

Nous avons examiné le système veineux dans plusieurs autres Crustacés brachyures et nous n'avons trouvé aucune différence qui mérite d'être mentionnée.

Ayant décrit avec assez de détails le système circu-

(1) Pl. 26, *N*ᵒˢ.

latoire dans les Crustacés brachyures , nous devons
maintenant poursuivre cet examen dans l'ordre des macroures , en nous attachant seulement aux différences
principales qu'il présente.

DÉCAPODES MACROURES.

§ Ier. *Du Cœur.*

Le cœur du homard et celui des autres Crustacés décapodes macroures est placé sur le dos et entre les masses
latérales des flancs. Il occupe l'espace compris entre deux
lignes transversales que l'on ferait passer l'une au bord
postérieur de la seconde paire de pattes , l'autre en arrière
de la quatrième. Ici les flancs ne sont plus obliques comme
dans les brachyures, mais placés presque verticalement
de chaque côté du thorax ; aussi l'espace assez considérable qu'ils laissent entr'eux n'est-il occupé qu'incomplètement par le cœur , et remplie de chaque côté par des
muscles longitudinaux volumineux étendus obliquement
de la face interne des flancs aux premiers anneaux du
ventre ; il en résulte que l'espèce de loge qui renferme le
cœur est étroite et allongée , et que la forme de cet organe
paraît étoilée moins régulièrement que dans le maja (1).
Du reste , ses rapports avec les parties environnantes
sont les mêmes. Il est recouvert par les membranes tégumentaires , et il repose sur les organes de la génération et sur le foie. Examiné à l'intérieur, le cœur présente , comme dans les brachyures , un grand nombre
de faisceaux et de fibres musculaires entrecroisés dans
divers sens, et formant plusieurs petites loges placées au-

(1) Pl. 28 , fig. 1, *N.*

devant des orifices des artères : ce sont, pour ainsi dire,
autant de petites oreillettes qui toutes communiquent
facilement entre elles pendant les mouvemens de dilatation ; mais qui, lors de la contraction, semblent former
pour chaque vaisseau, ainsi que nous l'avons déjà dit,
une petite cellule qui paraît mesurer la quantité de sang
qui lui est destiné.

Les trous que l'on remarque à l'intérieur du cœur
du homard sont au nombre de huit, comme dans les
Crustacés déjà examinés. Les deux ouvertures des vaisseaux branchio-cardiaques occupent les parties latérales
et inférieures ; elles sont très-larges et présentent une
double valvule dont la fente est oblique d'avant en arrière et de dehors en dedans. Ces soupapes membraneuses ont le même jeu que dans le maja.

Les orifices des trois artères qui naissent de la partie
antérieure du cœur ne présentent rien de remarquable.
Ceux des artères hépatiques sont situés plus en avant et
plus près l'un de l'autre que dans le maja ; ils sont aussi
plus petits. Enfin, l'artère sternale présente une disposition toute particulière ; elle ne provient plus de la
face inférieure du cœur, mais d'un renflement en forme
de bulbe qui existe en arrière de cet organe, au-dessous
de sa pointe postérieure et qui semble se continuer
avec l'artère supérieure de l'abdomen. Ce renflement
s'observe également dans l'écrevisse. Willis qui l'a représenté dans ce Crustacé, a pensé que c'était une oreillette destinée à recevoir le sang veineux. Swammerdam
ne l'a plus rencontré dans le pagure ; enfin, il paraît man-
quer ou bien n'avoir que très-peu de développement dans
le palemon.

Nous voyons donc, qu'en résumé, le cœur des Crustacés décapodes macroures ne diffère pas essentiellement de celui des Crustacés brachyures.

§ II. *Système artériel.*

Dans le homard et dans les autres Crustacés du même ordre que nous avons examinés, le nombre des troncs artériels qui naissent du cœur est le même que dans le maja , le carcin , le tourteau, et tous les Crustacés décapodes à courte queue. La manière dont ils se distribuent, diffère également très-peu de ce que nous avons déjà vu, surtout dans le tourteau , aussi croyons-nous inutile de nous étendre beaucoup sur leur description.

A. *Artère ophtalmique.*

L'*artère ophtalmique* du homard (1), de l'écrevisse , du palémon etc., ne donne aucune branche notable avant que de se diviser pour aller porter le sang aux yeux. Dans ce dernier animal elle paraît se continuer sous la forme d'un ramuscule très-délié, jusqu'à l'extrémité du rostre. L'artère ophtalmique de l'écrevisse est assez considérable; Willis l'a désignée sous le nom de *carotide* ; ses rapports avec les parties voisines sont les mêmes que dans le maja.

B. *Artères antennaires.*

Les Crustacés macroures étant allongés et étroits au lieu d'être étendus en longueur comme les autres déca-

(1) Pl. 28 , fig. 1, *n'*.

podes , il en résulte des différences correspondantes dans
le trajet des *artères antennaires* ou latérales. En effet, ces
vaisseaux pour se porter en avant et en dehors sont obligés
de descendre sur les côtés ; ils occupent d'abord la face
supérieure du corps, et sont placés au-dessus du foie et
en dehors des muscles des mandibules (1) ; mais bientôt
ils se recourbent en bas et longent la partie latérale de
l'animal jusqu'au près de son extrémité céphalique (2).

Les rameaux que les artères antennaires fournissent aux
membranes tégumentaires, sont bien moins gros et moins
nombreux que dans les brachyures ; les branches qui se
distribuent aux muscles voisins de l'estomac, et à l'estomac lui-même, se comportent à-peu-près de même ;
enfin, parvenus près du bord antérieur et latéral de
cet organe, elles donnent naissance aux vaisseaux des
antennes internes, puis à un rameau considérable qui se
porte en bas et se continue ensuite dans les antennes
externes (3). Là, le volume de ces artères est encore
très-considérable, et on les voit se bifurquer pour fournir, au niveau de chaque articulation , une branche destinée à nourrir les muscles de ces parties.

C. *Artères hépatiques.*

Les *artères hepatiques* présentent une disposition sem
blable dans le homard et dans le tourteau, mais elles
diffèrent beaucoup de ce que nous avons rencontré dans
le maja. En effet, ces deux vaisseaux au lieu de se réu-

(1) Pl. 28, fig. 1, *n'*.
(2) Pl. 29, fig. 1, *n'*.
(3) Pl. 28, fig. 1, *j*; et pl. 29, fig. 1, *j*.

nir sur la ligne médiane pour former un seul tronc postérieur demeurent distincts pendant tout leur trajet ; ce
qui du reste était facile à prévoir, puisque chez eux
le foie n'offre plus de lobe médian, mais est divisé seulement en deux masses latérales entièrement isolées sur
la ligne médiane.

Aussitôt après leur naissance (1), les artères hépatiques
du homard se portent en bas et en avant, s'engagent dans
la substance du foie, fournissent une grosse branche extérieure, se contournent un peu en dedans, et se divisent en deux rameaux d'égale calibre qui marchent en
sens inverse. La branche postérieure se porte directement
en arrière et se ramifie dans le lobe postérieur du foie.
La branche antérieure se bifurque bientôt et se distribue
à la partie antérieure du foie, ainsi qu'aux parois latérales de l'estomac.

D. *Artère sternale.*

Dans le homard, l'écrevisse, etc., l'*artère sternale* ou
le sixième et dernier tronc vasculaire destiné à porter le
sang aux différentes parties du corps, naît de l'extrémité postérieure du cœur, mais dans le palémon comme
dans le maja, elle provient de la face inférieure de cet
organe. A son origine, elle présente un renflement py-
riforme, très-considérable, que Willis nommait oreillette, et dont il a été question plus haut (2). Aussitôt
après, elle donne naissance à l'artère supérieure de l'abdomen, dont le calibre est presque égal au sien ; enfin

(1) Pl. 28, fig. 2, n^3, n^4.
(2) Pl. 28.

elle plonge dans le thorax, et se recourbe en avant pour
gagner la partie antérieure du corps.

L'*artère abdominale supérieure* (1) située dans le
ventre, sur la ligne médiane, immédiatement au-dessous
des anneaux qui en forment la voûte se porte directement en arrière le long de la face supérieure de l'intestin; elle acquiert un développement considérable, et
mérite par cela même d'être décrite en détail. Au niveau
de chaque articulation de l'abdomen, elle donne naissance à deux branches qui se dirigent de chaque
côté en dehors, et forment, avec le tronc principal,
deux angles droits. A leur naissance, ces artères latérales fournissent un rameau récurrent assez volumineux qui se porte directement en avant et se distribue
aux parois du canal intestinal; elles continuent ensuite
leur trajet en dehors, donnent des rameaux aux muscles
supérieurs de l'abdomen, et se recourbent bientôt en bas
pour descendre le long de la face latérale de cette partie.
Vers ce point elles donnent naissance à une branche considérable qui se divise en plusieurs rameaux; l'un se
porte en bas et longe la partie postérieure du bord libre
de chaque anneau abdominal; l'autre se recourbe en dedans, pénètre entre les faisceaux des muscles transverses,
et se distribue à leur face inférieure. Après avoir fourni
ces branches, l'artère, qu'on pourrait nommer *artère
transversale de l'abdomen*, continue de descendre le long
du côté externe de l'abdomen, envoie des rameaux aux
muscles des appendices, pénètre dans le bord libre et épi-
neux de chaque anneau et s'y termine en se bifurquant. Sa
branche terminale postérieure pénètre dans la fausse patte

(1) Pl. 28, fig. 1, *n'*; et pl 29, fig. 1, *n*⁵.

(65)

abdominale correspondante, donne des ramuscules aux
muscles qui s'y trouvent et se divise en deux rameaux
qui se distribuent aux deux articles de ces appendices ;
la branche terminale antérieure de l'artère transversale
reste dans la partie libre de l'anneau abdominal, se porte
en avant et en bas pour en cotoyer le bord antérieur, et
se distribue aux muscles et aux membranes tégumentaires de cette partie. Cette distribution de *l'artère abdominale supérieure*, se répète plus ou moins exactement
à chaque anneau.

Enfin, parvenu au niveau de l'avant dernière articulation du corps, ce vaisseau se bifurque (1) ; chacune de
ses branches, après avoir fourni des rameaux aux parties
voisines, se porte en dehors et pénètre dans les appendices en éventail qui terminent le ventre (h'^4).

L'artère sternale (2), aussitôt après avoir donné naissance au vaisseau dont nous venons de décrire le trajet
se recourbe en bas et en avant, passe à côté du tube digestif et des organes de la génération, puis entre les premiers faisceaux des muscles de l'abdomen, et après être
parvenue au niveau de la troisième patte, s'engage dans
le canal osseux du plastron sternal. Là, ce tronc vasculaire est embrassé par les deux cordons de communication qui réunissent les ganglions nerveux ; il donne ensuite naissance à un vaisseau postérieur, puis se recourbe
en avant et se dirige vers l'extrémité céphalique.

Le vaisseau postérieur se porte directement dans l'abdomen, en occupe la face inférieure, et reste accolé au
cordon nerveux jusque près de l'anus, où il se perd dans

(1) Pl. 28, fig. 1, n'.
(2) Pl. 29, fig. 2, n^4.

les muscles et les tégumens voisins : nous le nommerons
artère abdominale inférieure (1). Dès son origine, cette
artère présente une particularité remarquable; elle fournit les artères des deux dernières paires de pattes ambulatoires (2), qui dans le maja naissaient de l'artère
sternale. Chacune d'elles, avant que de pénétrer dans la
patte, fournit un rameau assez grêle qui se porte en haut
et se distribue aux muscles de la partie inférieure du
thorax.

L'artère abdominale inférieure, après avoir fourni les
artères des deux dernières pattes, pénètre dans l'abdomen et donne naissance au niveau de chaque articulation, à deux petites branches latérales qui se portent
directement en dehors et se ramifient dans les muscles
et dans les membranes voisines (3).

Enfin l'*artère sternale* (4) marche directement en avant
ainsi que nous l'avons déjà dit, et occupe la partie inférieure du canal sternal; au niveau de chacune des trois
premières paires de pattes ambulatoires, elle fournit de
chaque côté une branche assez considérable qui leur est
spécialement destinée et se comporte exactement comme
celles fournies par l'artère abdominale inférieure (5).
L'artère sternale, en continuant son trajet, donne une artère à chacun des pieds-mâchoires; ces vaisseaux sont
beaucoup moins gros que ceux des pattes, mais beaucoup
plus développés que dans les Crustacés brachyures; du

(1) Pl 29, fig. 2, n^6.
(2) Pl. 29, fig. 2, $n^{*?}$.
(3) Pl. 29, fig. 2, n^{6*}.
(4) Pl. 29, fig. 2, n^4.
(5) Pl. 29, fig. 2, n^*.

reste ils ne présentent rien de remarquable. Parvenue au niveau des mâchoires proprement dites , elle envoie à chacune d'elles un rameau distinct et se bifurque ensuite pour passer sur les côtés de l'œsophage, et se terminer dans les parties voisines de l'organe de l'ouïe. Dans les branchyures, cette bifurcation avait lieu avant la naissance des artères de la bouche.

§ III. *Système veineux.*

D'après les détails que nous avons rapportés dans les paragraphes précédens on voit que , dans les deux ordres de Crustacés décapodes, le système artériel est essentiellement le même; au contraire , le système veineux présente d'assez grandes différences qui paraissent dépendre de la structure du thorax : aussi devons nous dire quelques mots des parties dures avant que de continuer l'examen de l'appareil circulatoire.

Le thorax du homard diffère essentiellement de celui du maja , en ce qu'il est étroit et allongé ; il n'existe plus de plastron sternal proprement dit , mais tous les sternums soudés bout à bout, constituent une espèce de crête médiane placée entre la base des pattes qui sont rapprochées au point de se toucher. Les flancs au lieu d'être obliques ont une position verticale; il en est de même des lames cloisonnaires qui naissent, soit de la jonction des sternums, soit de la jonction des flancs, et qui , en se réunissant entre elles, interceptent des espaces auxquels nous avons déjà donné le nom de *cellules*; toutes ces loges sont verticales et placées sur un seul plan au lieu d'être superposées, et de former deux étages comme dans

les brachyures. Les cellules des flancs, qui étaient supérieures dans le maja et qui ici sont devenues externes,
sont rangées sur les côtés et ne communiquent point
entre elles. Enfin, les cellules sternales au lieu de
former une rangée de chaque côté du corps, sont réunies
entre elles au-dessus des sternums qui les séparent infé-
rieurement, et s'ouvrent toutes les unes dans les autres
par une espèce de fente ovalaire qui occupe la ligne médiane; ainsi réunies, elles constituent un canal longitudinal qui communique avec les cellules des flancs
par les trous intercloisonnaires.

A. *Sinus veineux.*

Les expériences rapportées dans la première partie de
ce travail, nous ont montrées que le cours du sang veineux est le même dans les Crustacés brachyures et macroures. Dans les uns comme dans les autres ce liquide revient des différentes parties du corps vers des
sinus veineux placés à la base des branchies, d'où il
passe dans l'appareil respiratoire et regagne ensuite le
cœur. La structure, la forme, et la disposition de ces
sinus, présentent la plus grande analogie chez ces divers animaux (1); mais dans le homard il existe, indé-
pendamment des golfes veineux situés sur les côtés du
corps, un sinus médian étendu d'un bout du thorax à
l'autre, et logé dans le canal sternal (2); les sinus latéraux, qui ne peuvent plus s'ouvrir directement l'un
dans l'autre à cause de la non perforation des cloisons,

(1) Pl. 3o, fig. 2, n'.
(2) Pl. 3o, fig. 1, n².

viennent aboutir dans cette espèce de veine longitudinale , et c'est par son intermédiaire que tous les sinus
d'un côté communiquent encore avec ceux du côté opposé. Cette disposition très-curieuse , établit une liaison
entre le système veineux des brachyures et celui des
Crustacés stomapodes dont nous parlerons bientôt.

Les sinus veineux du homard occupent la même
place que dans les brachyures , c'est-à-dire qu'ils sont
situés sur les côtés du thorax et à l'origine des pattes.
Ils se prolongent dans le premier article de ces appendices et paraissent beaucoup plus vastes que dans le
maja ; ce qui est en rapport avec la disposition des branchies, car on en compte de chaque côté jusqu'à quatre
par segment. Chacun de ces golfes contourne la base
de la patte qui lui correspond , de manière à former en
se réunissant au sinus médian , une espèce d'anneau duquel naissent en dehors les vaisseaux externes ou afférent des branchies, et auquel viennent principalement
aboutir les veines des pattes.

B. *Veines.*

Dans les macroures , les *veines* sont encore moins
bien formées que chez les brachyures, et si nous eus-
sions commencé leur recherche sur ces Crustacés, il
est probable que nous n'aurions pas mieux réussi à les
decouvrir que les observateurs qui , dans ces derniers
temps se sont occupés de cet objet. En effet , les parois
des veines qui portent le sang dans les sinus que nous
venons de décrire, sont tellement tenues et peu pro-
noncées, que malgré tout le soin que l'on apporte à

l'injection, le liquide s'épanche aussitôt dans les parties
voisines. Nous pensions d'abord que cet accident dé-
pendait de l'existence de valvules qui, en s'opposant au
passage de l'injection, déterminaient la rupture des vaisseaux, mais un grand nombre d'expériences nous ont
prouvés que ce n'était point à une pareille disposition
qu'il fallait en attribuer la cause. Nous nous bornerons à en citer une qui nous paraît concluante : nous
prîmes un homard vigoureux et nous incisâmes les
vaisseaux externes ou afférens des branchies postérieures, de manière à faire écouler une grande quantité de sang veineux. Quand l'hémorrhagie eut cessée
et lorsque les vaisseaux furent vidés plus ou moins complètement, l'air atmosphérique s'y introduisit de lui-
même et ne tarda pas à pénétrer à la face interne de
l'abdomen. Nous le voyions sous forme de bulles au-
dessous des tégumens, et l'animal en se mouvant les fai-
sait cheminer en tous sens. Il est donc évident qu'il
n'existe dans l'intérieur des veines aucune valvule ca-
pable de s'opposer à la marche rétrograde du liquide
des sinus latéraux.

Quant au trajet et à la disposition de ces veines à parois si imparfaites, nous dirons seulement que celles
des pattes s'ouvrent directement à la partie externe des
sinus veineux, celles des muscles situés sur les côtés du
thorax se terminent à l'extrémité supérieure de ces golfes;
que les veines des viscères se portent directement en bas
et gagnent le canal médian; enfin, que les veines de
l'abdomen se réunissent pour former deux troncs qui se
terminent dans les sinus correspondans à la cinquième
paire de pattes ambulatoires. Du reste, ces vaisseaux en

quelque sorte ébauchés , diffèrent peu de ceux des Crustacés brachyures.

C. *Vaisseaux afférens et efférens des branchies.*

Les *vaisseaux afférens* des branchies du homard naissent tous immédiatement des sinus veineux ; mais ils n'occupent pas la même place que dans les brachyures. Au lieu d'être situés à la face externe des pyramides branchiales , ils sont cachés dans l'épaisseur de ces organes (1) , mais toujours en dehors du vaisseau efférent (n'). Ils correspondent aux branchies , qui sont au nombre de vingt de chaque côté du corps (2); du reste , ces vaisseaux ne présentent rien de remarquable. Il en est de même des *vaisseaux efférens* des branchies (3), qui occupent ici , comme dans les brachyures , la face interne de ces organes.

D. *Canaux branchio-cardiaques.*

Les *canaux branchio-cardiaques* qui portent le sang des branchies au cœur (4), reçoivent successivement les vaisseaux internes des diverses pyramides branchiales fixées au segment correspondant du corps , et remontent dans l'angle antérieur et externe de chaque cellule des flancs , jusqu'auprès de leur sommet ; les deux canaux moyens s'élèvent presque verticalement , les autres sont très-obliques et convergent vers les premiers :

(1) Pl. 3o , fig. 2 , n².
(2) Pl. 3i, fig. 2 , *P.*
(3) Pl. 3o, fig. 2 , n', n³ ; et pl. 3i, fig. i, n³.
(4) Pl. 3i , fig. i et 2 , n'.

enfin, il se réunissent tous en un tronc commun qui va s'ouvrir à la partie latérale et inférieure du cœur, de la manière déjà indiquée (1). Dans l'écrevisse et dans le palémon, la disposition des canaux branchio-cardiaques est à-peu-près la même que dans le homard.

CRUSTACÉS STOMAPODES.

Jusqu'ici tous les Crustacés nous avaient offert un cœur de forme ovalaire, bien circonscrit et à parois musculaires. Au contraire, dans la squille (2) cet organe, comme l'a dit M. Cuvier, est allongé et semblable à un vaisseau (3). Il occupe la face dorsale de l'animal, et repose sur le foie et le canal intestinal ; son volume est assez considérable, et ses parois minces et transparentes semblent plutôt membraneuses que charnues. L'extrémité antérieure de ce cœur allongé est placée immédiatement derrière l'estomac ; postérieurement, il se termine en pointe, près de la dernière articulation de l'abdomen ; sa face supérieure ne donne naissance à aucune artère, mais elle reçoit au niveau des cinq premières articulations de l'abdomen, et près de la ligne médiane, cinq paires de vaisseaux (4) qui viennent des branchies, et qui sont analogues aux canaux branchio - cardiaques des autres Crustacés.

(1) Pl. 31, fig. 2, n⁹.

(2) L'anatomie que nous donnons du système circulatoire de la squille, a été faite sur un individu conservé dans l'esprit-de-vin.

(3) Pl. 32, N.

(4) Pl. 32, n⁴. — On n'a conservé le tronc de ces vaisseaux qu'aux deux paires antérieures ; tous les autres ont été complètement enlevés, afin de montrer la situation relative de leur orifice au cœur.

L'extrémité antérieure du cœur de la squille donne
naissance à trois artères principales ; l'une d'elles occupe
la ligne médiane, se porte directement en avant, passe
au-dessus de l'estomac, donne plusieurs rameaux aux
muscles des antennes, et se termine enfin par deux branches qui vont directement aux yeux (1). Les deux autres
artères antérieures se dirigent obliquement en avant et
en dehors, passent sur les côtés de l'estomac, et vont se
perdre dans les muscles de la bouche et des antennes externes (2). Si l'on veut établir une comparaison entre
ces vaisseaux et ceux que fournit en avant le cœur des
Crustacés décapodes, on trouvera que le vaisseau médian représente l'*artère ophtalmique,* et que les latéraux
correspondent aux deux *artères antennaires* ; on re-
marquera seulement que leur distribution n'est pas exactement la même.

Un grand nombre d'autres artères naissent successivement des parties latérales du cœur et se portent en
dehors (3). On en compte de chaque côté neuf au thorax ; elles se distribuent aux appendices de la bouche,
aux pieds-mâchoires, et aux pattes ambulatoires. Dans
l'abdomen, on en trouve sept ; elles naissent au niveau
des articulations, se portent en dehors, au-dessous des
muscles longitudinaux supérieurs et au-dessus du foie,
donnent une branche antérieure assez considérable, et
se recourbent en bas pour gagner les pattes branchiales
de l'abdomen (4).

(1) Pl. 32, u'.
(2) Pl. 32, u".
(3) Pl. 30, u*.
(4) Pl. 30, n'.

Enfin , tout-à-fait en arrière , le cœur se continue sous forme d'un petit rameau médian qui pénètre dans la dernière articulation du corps.

D'après les détails que nous venons de rapporter, on voit que le système artériel de la squille diffère essentiellement de ce qui existe dans les Crustacés décapodes ; mais cette disposition n'est pas particulière aux stomapodes , elle se trouve dans le grand ordre des Crustacés isopodes.

Quant au système veineux des stomapodes, nous ajouterons peu de choses à ce que M. Cuvier a déjà fait connaître.

Un canal ventral , dont la découverte est due au savant anatomiste que nous venons de citer , reçoit le sang veineux provenant de toutes les parties du corps : il est situé au-dessous du foie et de l'intestin, et donne , au niveau de chaque articulation de l'abdomen , un gros rameau latéral qui se rend à la branchie située à la base de la patte abdominale correspondante. Examinées à l'intérieur , les parois de ces conduits nous ont paru lisses et continues , mais formées plutôt par une couche de tissu cellulaire lamelleux, accolée aux muscles voisins , que par une membrane propre. Il nous a semblé que tous ces conduits communiquaient entre eux vers le bord latéral des anneaux ; mais nous ne pouvons l'affirmer avant d'avoir fait à ce sujet de nouvelles recherches.

Les *vaisseaux efférens* ou internes des branchies se continuent avec les canaux branchio-cardiaques , qui ici ne sont plus logés dans des cellules , mais qui passent entre des muscles, contournent obliquement la partie latérale de l'abdomen , gagnent le bord antérieur de l'anneau précédent, et vont se terminer à la face supérieure du cœur, près de la ligne médiane, en chevauchant légèrement l'un sur l'autre.

CRUSTACÉS ISOPODES.

Ce que nous venons de voir dans la squille nous conduit naturellement au système artériel des Crustacés isopodes. Dans la ligie, le cœur a la forme d'un long vaisseau étendu au-dessus de la face dorsale de l'intestin. Comme dans tous les autres Crustacés, l'extrémité antérieure de cet organe donne naissance à trois artères : l'une, médiane, semble être la continuation du cœur, et se porte directement vers l'extrémité céphalique ; les deux autres marchent obliquement en avant et en dehors. Nous avons également distingué des branches latérales qui se dirigent du cœur aortique vers les pattes. Enfin, au niveau des cinq premières articulations de l'abdomen, cet organe reçoit à droite et à gauche des petits canaux qui semblent venir des branchies.

En poussant dans ce vaisseau dorsal, pendant la vie de l'animal, une petite quantité de vernis coloré avec du vermillon, nous sommes parvenus à injecter les vaisseaux capillaires des branchies, et tout le système veineux situé sur les parties latérales et inférieures du corps. Nous attribuâmes d'abord ce phénomène au passage de l'injection du cœur aux branchies à travers les canaux branchio-cardiaques ; mais nous nous sommes assurés que les choses ne se passaient point ainsi ; car lorsque nous plaçâmes l'extrémité d'un petit tube de verre dans le cœur au-devant du premier canal branchio-cardiaque, en dirigeant sa pointe en avant, et qu'aussiôt qu'une petite quantité de vernis fut parvenue dans le cœur nous retirâmes notre tube, nous vîmes bientôt après les vaisseaux de la face abdominale de l'animal se colorer en rouge, et transmettre leur contenu aux branchies. Il est donc évident que le passage du liquide des artères dans les veines est très-facile. Dans d'autres expériences, nous avons rempli d'injection les vaisseaux capillaires des lames branchiales, bien que le cœur se fût déchiré au commencement de l'opération. Souvent, lorsque nous croyions avoir manqué notre injection à cause d'un accident de ce genre et de l'épanchement qui en était la suite, nous avons été surpris de voir, au bout de quelques minutes, tous les vaisseaux des branchies se remplir d'injection. Il paraîtrait donc que dans la ligie le système veineux est encore moins complet que dans les Crustacés macroures, et que le sang chassé du cœur dans diverses parties du corps, passe dans des lacunes que les organes laisseraient entre eux à la face inférieure du corps, et qui communiqueraient librement avec les vaisseaux afférens des branchies ; enfin, après avoir traversé l'appareil respiratoire, le liquide nourricier retournerait au cœur en traversant les vaisseaux branchio-cardiaques déjà indiqués.

Cette disposition curieuse établit évidemment le passage du système circulatoire des Crustacés décapodes à celui de certains Crustacés branchiopodes. En effet, Jurine nous apprend que dans l'argule le sang n'est pas renfermé dans des vaisseaux propres, mais paraît répandu dans le parenchyme même des organes. Un cœur à un seul ventricule le met en mouvement, et y détermine des courans dont la direction est constante.

(77)

Enfin, de l'organisation des Crustacés dont nous venons de parler à celle des insectes, il n'y a évidemment
qu'un pas. C'est ce que nous ferons voir plus tard en
exposant nos recherches sur l'organisation des autres
animaux articulés, et en présentant quelques nouveaux détails sur les Crustacés branchiopodes, déjà
étudiés avec tant de succès par Jurine le père et par
M. Strauss.

CONCLUSION GÉNÉRALE.

Nos expériences physiologiques ont démontré que
la circulation des Crustacés était analogue à celle des
Mollusques, c'est-à-dire que le sang allait du cœur aux
différentes parties du corps, de ces parties à des sinus
veineux, des sinus veineux aux branchies, et de là au
cœur. Les recherches anatomiques rapportées dans la
seconde partie de notre travail, ont fait connaître le
cœur, les sinus veineux remplaçant les cœurs pulmonaires des Mollusques céphalopodes, les canaux branchio-cardiaques, et la distribution de tous les vaisseaux,
tant artériels que veineux, qui concourent à compléter
le cercle circulatoire.

EXPLICATION DES PLANCHES.

Planche xxiv.

Système artériel superficiel du Maja squinado *femelle, vu en
dessus.*

BB, *carapace* dont la portion supérieure ou dorsale est enlevée.
j, les *antennes externes.*
œ, *yeux.*

GG, les *flancs*, sur lesquels reposent en avant les branchies.

G', la *selle turcique postérieure*, formée à l'intérieur du thorax par des lames solides.

D, l'*abdomen* étendu en arrière au lieu d'être recourbé sous le thorax , comme dans l'état naturel. Les arceaux supérieurs ont été enlevés.

h', h'°, h'', h'', *appendices de l'abdomen*.

T, *membrane tomenteuse* qui tapisse la carapace : elle a été enlevée du côté droit.

l, l'*estomac* à moitié recouvert, du côté gauche, par les membranes tégumentaires. On remarque à sa partie antérieure deux muscles qui le fixent au bord de la carapace, et le portent en avant. A sa partie postérieure on voit les muscles antagonistes des premiers, et les muscles de la tige des mandibules *r*.

M, le *foie*, dont le lobe postérieur a été enlevé.

P, les *branchies*.

l', l'*intestin*.

N, le *cœur*, dont on a enlevé la paroi supérieure, afin de montrer l'intérieur de sa cavité. On y remarque un grand nombre de faisceaux charnus, et trois ouvertures ; la postérieure, située un peu à droite et garnie d'une double valvule, est l'orifice de l'artère sternale (n'): les deux antérieures appartiennent aux artères du foie. On trouve encore dans l'intérieur du cœur cinq ouvertures ; mais elles ne sont pas visibles dans cette préparation. (*Voy*. la pl. 26, fig. 3.)

n', l'*artère ophtalmique*. Elle naît de la partie antérieure du cœur, occupe la ligne médiane, se porte en avant au-dessus de l'estomac, et se rend aux yeux.

n°, les *artères antennaires* au nombre de deux. Ces vaisseaux naissent de chaque côté de l'artère précédente, et se portent en avant et en dehors dans l'épaisseur des membranes tégumentaires : celui du côté gauche est dans sa situation naturelle ; l'autre a été disséqué avec soin et isolé complètement des membranes, dans l'épaisseur desquelles il envoie un grand nombre de rameaux. Du côté gauche, on voit le vaisseau fournir de grosses branches à la membrane tomenteuse ; son tronc principal s'enfonce ensuite dans cette membrane, qu'il traverse d'outre en outre, pour se porter plus profondément. On voit très-bien cette disposition dans le côté gauche de la figure, où le tronc principal, à l'endroit où il s'enfonce dans la membrane, paraît avoir été tronqué. Du côté droit on aperçoit l'artère antennaire passer sous les ovaires (Q♀), fournir des branches considérables à ces organes, et se diviser ensuite en plusieurs rameaux, dont l'interne se rend aux antennes *j*.

u¹, *l'artère sternale*. Elle naît de la partie inférieure et postérieure du cœur, et gagne le sternum, en passant au-devant de la selle turcique postérieure (*G'*).

n², *l'artère abdominale supérieure* fournie par l'artère sternale. Ce vaisseau se porte en arrière, appuyé sur la selle turcique postérieure, et se divise bientôt en deux branches qui suivent les côtés de l'*intestin* et donnent un rameau externe au niveau de chaque articulation de l'abdomen : les quatre premiers pénètrent dans les appendices de la face inférieure.

Planche xxv.

Systéme artériel profond du Maja squinado, *vu en dessus*.

On a enlevé la carapace, l'abdomen et tous les viscères, pour montrer l'artère sternale. Du côté droit, on a détruit les cellules supérieures des flancs et la voûte des cellules inférieures, pour mettre à nu les artères des pattes. Du côté gauche, au contraire, on n'a enlevé que la voûte des cellules supérieures des flancs, afin de montrer les muscles qu'elles contiennent.

B, la portion antérieure de la carapace. — *j*, les antennes externes. — *œ*, *œ*, les yeux. — *E*, l'ouverture buccale vue en dessus.

*h*¹, ², ⁶, ⁴, ⁵, pattes ambulatoires. On les a laissées intactes du côté gauche; du côté droit, au contraire, on les a incisées dans une étendue variable, pour montrer la manière dont les artères s'y distribuent.

G, petite portion de la voûte supérieure des flancs que l'on a conservée.

Q, les cellules inférieures des flancs.

τ, les cellules supérieures des flancs.

P. deux des pyramides branchiales du côté gauche, renversées en dehors, et vues par leur face interne.

*n*¹, *l'artère sternale* coupée près de son origine au cœur. Ce vaisseau, le plus considérable de tous ceux du corps, se porte d'abord en bas, gagne la face inférieure du thorax, et marche ensuite directement en avant jusqu'au niveau de la selle turcique antérieure, située immédiatement en arrière de l'ouverture buccale.

*n*¹'", les branches terminales de l'artère sternale. Elles se portent sur les côtés de l'œsophage, donnent des rameaux aux mandibules, et vont se terminer près de l'extrémité céphalique ou antérieure.

n^{5}, le tronc de l'artère abdominale qui naît de l'artère sternale, au-dessus de la selle turcique postérieure.

n^{6x}, les *artères des pattes*. Ces vaisseaux, au nombre de huit de chaque côté, se portent en dehors, pénètrent dans les cellules inférieures des flancs, et vont se rendre aux pattes ambulatoires ou aux pieds-mâchoires.

$n^{*\prime}$, les branches des artères des pattes qui pénètrent dans les cellules supérieures des flancs.

$n^{*\prime\prime}$, les *artères des pieds-mâchoires*.

$n^{*\prime\prime\prime}$, les artères nourricières des branchies fournies par les branches supérieures des artères des pattes $n^{*\prime}$.

Planche xxvi.

Maja squinado.

Fig. 1. *Système artériel du foie (vu en dessus).*

On a enlevé la partie supérieure de la carapace et de ses membranes internes, le cœur, les organes de la génération, le tube intestinal, etc., afin de mettre à nu le foie, dont on a ensuite disséqué avec le plus grand soin toutes les artères.

B, la carapace. — j, les antennes externes. — α, α, les yeux. — G, les flancs. — D, l'abdomen, qui est recourbé sous la face inférieure du thorax.

r, les muscles des mandibules, rejetés un peu en avant.

h^{+}, la tige des mandibules. — P, les branchies.

Q ♀, portion des ovaires et du sac copulateur, qui se voient dans l'espace qui sépare les cellules inférieures des flancs.

M, le foie parsemé d'artérioles.

$n^{\prime}$, les *artères hépatiques* coupées près de leur origine, à la face inférieure du cœur. Elles se portent chacune en bas, plongent dans la substance du foie, donnent naissance à deux branches, l'une antérieure, l'autre postérieure, et se réunissent en un tronc commun qui occupe la ligne médiane, et se porte directement en arrière pour se terminer par deux branches qui passent sur les côtés de l'artère sternale, et se distribuent à la portion du foie située au-dessus de la selle turcique et dans l'abdomen ($n^{5\prime}$).

n^{3}, l'artère sternale tronquée près de son origine au cœur; elle s'enfonce au-dessous du foie pour gagner le sternum.

n^{4}, l'artère de l'abdomen tronquée.

Fig. 2. *Système veineux extérieur des branchies, vu de profil.*

On a enlevé la carapace qui recouvre les branchies, et en arrière de celles-ci on a coupé la voûte des flancs afin de découvrir l'intérieur de leurs cellules supérieures.

P, branchies. — *G*, *G*, les flancs, dont la voûte est restée intacte dans une portion de leur étendue. — *π*, les cellules supérieures des flancs, ouvertes par l'enlèvement de la voûte.

h', *'*, *'*, *'*, *'*, les cinq pattes ambulatoires coupées près de leur base.

n', *sinus veineux.* Ces réservoirs sont situés sur les parties latérales du thorax, au-dessus de l'insertion des pattes et immédiatement au-dessous de la voûte des flancs ; ils sont renflés dans leur partie médiane, et comme étranglés dans les points où ils passent à travers les trous intercloisonnaires pour communiquer entre eux. On aperçoit sur la face externe des sinus antérieurs, l'origine des vaisseaux afférens des branchies (*n²*).

n, *n*, veines des muscles logés dans l'intérieur des flancs, et troncs veineux qui descendent le long de l'angle antérieur et supérieur des cellules, et qui portent aux sinus latéraux la majeure partie du sang veineux des viscères. Ces veines sont plus grosses que les précédentes.

n'', *n''*, les veines des pattes.

n', *n'*, les vaisseaux externes ou *afférens* des branchies. Ils sont au nombre de cinq ; mais le second et le troisième (en comptant d'avant en arrière) se divisent en deux troncs : chacune des sept pyramides branchiales reçoit donc un de ces vaisseaux qui règne le long de sa face externe, et se termine à son sommet, après avoir donné successivement naissance, dans tout son trajet, aux ramuscules qui portent le sang dans les lames branchiales, et qui constituent le réseau capillaire de l'appareil respiratoire.

Fig. 3. *Système veineux intérieur, vu en dessus, et montrant les vaisseaux efférens ou internes des branchies, et les vaisseaux branchio-cardiaques.*

On a enlevé toute la partie postérieure de la carapace, ainsi que la voûte de tous les flancs, afin que les branchies étant renversées en dehors, on pût voir leur face interne.

B, la carapace. — *j*, les antennes externes. — *œ*, les yeux. — *G*, petite portion de la voûte des flancs.

π, les cellules supérieures des flancs.

M, le foie. — *P*, les branchies.

N, le *cœur*, dont on a enlevé toute la paroi supérieure , afin de montrer les ouvertures qui s'y trouvent.

N', orifices de l'artère ophtalmique et des deux artères antennaires.

N", orifices des deux artères hépatiques.

N''', orifice de l'artère sternale , avec sa double valvule.

N"", orifice des *canaux branchio-cardiaques*. Celui du côté droit est resté caché, mais celui du côté gauche est à découvert, et montre l'appareil valvulaire qui en garnit les bords et qui sert à empêcher le sang de passer du cœur dans ces vaisseaux.

n', *n'*, *n'*, *n'*, *n'*, les *vaisseaux internes ou efférens des branchies*. Ces troncs vasculaires sont situés à la face interne des pyramides branchiales , et reçoivent tout le sang que contenaient les vaisseaux externes , et qui est devenu artériel par son passage à travers les lames branchiales.

n', les canaux branchio-cardiaques. Ces troncs vasculaires, qui ne sont autre chose que la continuation des vaisseaux efférens des branchies , remontent immédiatement au-dessous de la voûte des flancs, et après s'être réunis, débouchent à la partie latérale du cœur par les ouvertures déjà mentionnées (*N'""*).

Fig. 4. *Sinus veineux et troncs veineux qui de toute part y aboutissent, vus de profil.*

Ici on a enlevé les branchies et la voûte des flancs dans toute son étendue , afin de mettre à découvert l'intérieur de chaque cellule.

G , portion des flancs laissée intacte.

π, cellules supérieures. — *h'*, *'*, *'*, *'*, *'*, pattes ambulatoires , coupées comme dans la figure 2.

n', *n'* , *n'* , *sinus veineux*.

n, *n*, *n*, *n*, grosses veines apportant aux sinus le sang des principaux viscères.

n', veines provenant des muscles contenus dans les cellules des flancs.

n', *n'*, *n'*, *n'*, vaisseaux externes ou afférens des branchies (*voy*. fig. 2).

n", *n"*, *n"*, veines des pattes.

Planche xxvii.

Fig. 1. *Coupe verticale du thorax du* Maja squinado, *pour montrer les rapports des principaux vaisseaux qui forment le cercle circulatoire.*

(83)

F, le sternum. — *G*, cloison ascendante des flancs. — *hh*, les pattes.
— *P P*, les branchies.

Nota. Les petites flèches indiquent la direction que suit le liquide
dans les vaisseaux qu'on observe.

n', *n'*, *n'*, les *veines* qui portent le sang des principaux viscères et des
muscles du tronc vers les branchies.

n'', *n''*, les veines des pattes.

n', *n'*, les *sinus veineux* situés à la base des branchies, et recevant le
sang venant de toutes les parties du corps.

n', *n'*, *vaisseaux externes des branchies.* Ils naissent des sinus veineux
et distribuent le sang au réseau capillaire des lames branchiales.

n', *n'*, les *vaisseaux internes des branchies* qui reçoivent le sang, devenu artériel par son passage à travers les branchies.

n', *n'*, les *canaux branchio-cardiaques* qui portent le sang des branchies au cœur.

N, le *cœur*, qui reçoit le sang artériel venant des branchies, et le distribue à tout le corps par divers artères, dont on n'a représenté ici
que celle qui naît en arrière (l'artère sternale).

Fig. 2. *Le système circulatoire des Mollusques, comparé à
celui des Crustacés.*

Cette figure, qui représente le système circulatoire du Calmar (*Loligo sagittata*), est destinée à montrer l'analogie qui existe sous ce rapport entre les Crustacés et les Mollusques céphalopodes. Pour s'en convaincre, il suffira de comparer cette figure avec la précédente.

P P, les branchies.

n', *n'*, *n'*, les *veines* portant le sang de tout le corps vers les branchies.

n', *n'*, les *sinus veineux* placés à la base des branchies, et recevant le
sang venant de toutes les parties du corps.

n', *n'*, les vaisseaux externes ou *afférens des branchies.*

n', *n'*, les vaisseaux internes ou *efférens des branchies.*

n', *n'*; portion de ces veines qu'on peut comparer aux vaisseaux branchio-cardiaques des Crustacés.

N, le *cœur*, avec les artères qui en naissent, et qui servent à porter le
sang à tous les organes.

Fig. 3. *Circulation dans l'Écrevisse d'après Rœsel.*

1. Tête. — 2. Estomac. — 3. Canal intestinal.

4. Portion du vaisseau supérieur de l'abdomen, partant du cœur.

5. Vaisseau inférieur de l'abdomen, suivant Rœsel, et qui n'est autre
chose qu'une portion du cordon nerveux. (M. Latreille avait indiqué cet organe comme étant le cordon nerveux, dans son expli-
cation des planches de l'Encyclopédie méthodique.)
6. Extrémité de l'abdomen.

Planche XXVIII.

Fig. 1. *Homard femelle vu en dessus, et représentant le système artériel superficiel.*

B, la *carapace*, dont la portion supérieure est enlevée.

j', *antennes internes.*

j, *antennes externes.*

œ, les *yeux.*

D, l'*abdomen*, dont on a enlevé le test.

l, l'*estomac.*

r'', les *muscles antérieurs de l'estomac.*

r', les *muscles postérieurs de l'estomac.*

r''', r''', les *muscles de l'abdomen.*

r, les *muscles de la tige des mandibules.*

M, le *foie.*

Q ♀, les *ovaires.*

P, les *branchies.*

l', l'*intestin.*

N, le *cœur*, situé entre les flancs, et au-dessus des organes de la génération.

n', l'*artère ophtalmique*, dont le trajet et le mode de distribution sont
exactement les mêmes que dans les décapodes brachyures.

n', n', n', n', *artères antennaires.* Elles naissent à côté de la précédente, et se portent en avant et en dehors vers l'antenne externe ;
mais comme elles longent les bords latéraux de la carapace, et qu'elles
descendent assez bas, on ne les voit point ici dans toute leur étendue.

n', n', l'*artère abdominale supérieure.* L'origine de ce vaisseau est
commune avec celle de l'artère sternale, et il présente à sa sortie du
cœur un renflement en forme de bulbe. Il se porte ensuite directement en arrière, au-dessus des ovaires (Q) et de l'intestin (l'), jusqu'au niveau de l'avant-dernière articulation de l'abdomen ; là il se
termine par deux branches (n') qui se portent au dehors, et pénètrent dans les appendices de cette partie (h''). Au niveau de chacune
des cinq premières articulations de l'abdomen, l'artère abdominale

supérieure fournit des branches latérales qui , en avant , donnent aux ovaires et à l'intestin une branche récurrente assez remarquable ; puis elles se portent en dehors , et fournissent des rameaux aux muscles supérieurs de l'abdomen ; enfin se recourbent sur les côtés de cette partie, comme on peut le voir dans la planche suivante.

Fig. 2. *Homard vu en dessus , et offrant la distribution des artères du foie.*

BB , la carapace , dont la partie supérieure est enlevée.

j', les antennes internes. — *j*, les antennes externes.

œ , les yeux. — *D* , l'abdomen. — *l* , l'estomac.

r'', les muscles antérieurs de l'estomac.

r', les muscles postérieurs de l'estomac.

P , les branchies.

l', l'intestin.

M , le foie. Ce viscère est intact du côté gauche , mais du côté droit il est disséqué de manière à montrer le mode de distribution de ses artères.

n ', n ', *artères hépatiques.*.Ces artères sont coupées immédiatement à leur naissance au cœur ; celle de gauche est cachée par la substance du foie : du côté droit , au contraire , on voit le vaisseau dans toute son étendue. Les artères hépatiques du homard ne se réunissent pas sur la ligne médiane pour former un tronc commun , ainsi que cela a lieu dans le Maja (pl. 26 , fig. 1).

Planche xxix.

Fig. 1. *Homard vu de profil. Système artériel superficiel.*

B , portion céphalique de la carapace.

j', les antennes internes.

j , les antennes externes.

œ , les yeux.

G , les flancs.

h ^{4}, ^{5}, ^{6}, ^{7}, *etc.*, pattes et appendices de l'abdomen.

D, l'abdomen.

L , l'estomac.

r'', les muscles antérieurs de l'estomac.

r', les muscles postérieurs de l'estomac.

M , le foie.

P , les branchies. — *u**, valvule antérieure de la cavité branchiale.

$r^{=}$, les muscles de l'abdomen.

n^2, n^3, *l'artère antennaire*. Ce vaisseau naît (comme on l'a vu dans la pl. 28) de la partie antérieure du cœur, qui est caché ici par des muscles ; il se porte ensuite en avant, en dehors et en bas, donne des branches aux muscles et aux autres organes voisins, et va se terminer dans l'antenne externe, où il fournit un rameau au niveau de chaque articulation.

n^3, n^3, *artère abdominale supérieure*. Les branches latérales qui en naissent, après avoir gagné les côtés de l'anneau correspondant, donnent une branche postérieure qui se distribue aux muscles et aux tégumens, se recourbent en avant, fournissent les artères des appendices, et vont se terminer dans les tégumens, près du bord antérieur des anneaux.

Fig. 2. *Homard (vu en dessous). Système artériel profond.*

Le sternum et les arceaux inférieurs de l'abdomen sont enlevés.

B, la carapace.

j', les antennes internes.

j. les antennes externes.

u, les mandibules.

h^1, le premier pied-mâchoire

h^2, le deuxième pied-mâchoire.

h^3, le troisième pied-mâchoire.

h^{4}, ^{5}, ^{6}, ^{7}, ^{8}, pattes ambulatoires.

h^{10}, h^{14}, appendices de l'abdomen.

n^4, *l'artère sternale*. Ce vaisseau ne gagne la face inférieure du thorax qu'au niveau de la troisième patte (h^6) ; là il donne naissance à l'*artère abdominale inférieure* (n^6, n^6), qui fournit à son tour les artères des deux dernières paires de pattes, et de petits rameaux transversaux au niveau de chaque anneau de l'abdomen (n^{4x}, n^{5x}) : les artères des autres pattes ambulatoires (n^x, n^x) naissent de l'artère sternale, et fournissent presque aussitôt une branche ($n^{x'}$) qui se porte en haut pour se distribuer aux muscles des flancs. Enfin, après avoir donné naissance aux artères des pieds-mâchoires ($n^{x''}$) et des mâchoires proprement dites, ce tronc artériel se bifurque comme dans le Maja ; mais ici ses branches terminales sont cachées par les appendices de la bouche.

(87)

Planche xxx.

Système veineux du Homard.

Fig. 1. *Thorax du Homard vu en dessous.*

On a enlevé le sternum.

j, les antennes externes.

j', les antennes internes.

E, la bouche.

*h*¹, la troisième paire de pieds-mâchoires.

*h*¹*, lanières ou foies de ces pieds.

*h*⁴,⁵,⁶,⁷,⁸, pattes ambulatoires.

*n*¹*, le *canal veineux* formé par la réunion des sinus latéraux, et logé dans un canal particulier des sternums réunis (le *canal sternal*).

n″, n″, n″, veines des pattes.

*n*¹, *n*¹, prolongement des sinus veineux qui entourent la base des pattes, et se réunissent sur la ligne médiane pour former le canal commun (*n*¹*).

Fig. 2. *Section transversale du thorax.*

G, les flancs, avec leurs muscles supérieurs.

h, h, pattes.

P, branchies, au nombre de quatre de chaque côté.

*h**, fouet des branchies.

n″, les *veines* des pattes.

n', veines des flancs et des viscères.

*n*¹, *n*¹, les *sinus latéraux* situés à la base des pattes ; ils se prolongent jusque dans le canal sternal, et communiquent tous ensemble à l'aide du sinus médian, dont on voit l'ouverture (*n*¹*).

*n*², les vaisseaux externes ou *afférens des branchies.*

*n*¹, les vaisseaux internes ou *efférens des branchies.*

*n*¹*. canal médian tronqué.

Planche xxxi.

Fig. 1. *Section verticale du thorax du Homard.*

G, G, les flancs.

h, h, pattes.

*h***, *h***, fouet des branchies.

P, branchies.

n^3, les vaisseaux internes ou *efférens des branchies*.

n^2, n^2, les vaisseaux externes ou *afférens des branchies* tronqués.

n^4, les *canaux branchio-cardiaques*.

Fig, 2. *Thorax dont on a enlevé une portion des flancs du côté gauche, ainsi que la plupart des branchies qui s'y fixent.*

Cette figure est destinée à montrer la manière dont les canaux branchio-cardiaques se réunissent avant de s'ouvrir dans le cœur.

G, les flancs. — *D*, insertion de l'abdomen.

P, *P*, *P*, les branchies du côté gauche. On en compte vingt lorsqu'elles sont toutes visibles.

h^{**}, fouets des branchies.

n^3, les vaisseaux internes ou *efférens des branchies*.

n^4, les canaux branchio-cardiaques du côté droit. Ils remontent sous la voûte des flancs, et gagnent la partie latérale du cœur.

N''', l'orifice cardiaque commun de ces canaux.

Planche XXXII.

Squille (vue en dessus).

On a enlevé les parties dures de toute la face dorsale de l'animal et les muscles de la face supérieure de l'abdomen, pour montrer le système artériel.

B, la carapace. — j', les antennes internes. — j, les antennes externes.

ω, les yeux.

h, *h*, *h*, pattes et appendices de l'abdomen. — *D*, abdomen.

N, le *cœur aortique* ayant la forme d'un long vaisseau.

n^4, orifices des *canaux branchio-cardiaques*.

n', l'*artère ophtalmique*. — n^2, les *artères antennaires*.

n^3, n^4, n^5, les artères des pieds-mâchoires, des pattes et des appendices latéraux de l'abdomen.

FIN.

Maja squinado. Fem. (vû en dessus) - Système artériel superficiel.

Maja Squinado. (vu en dessus.) Système artériel profond

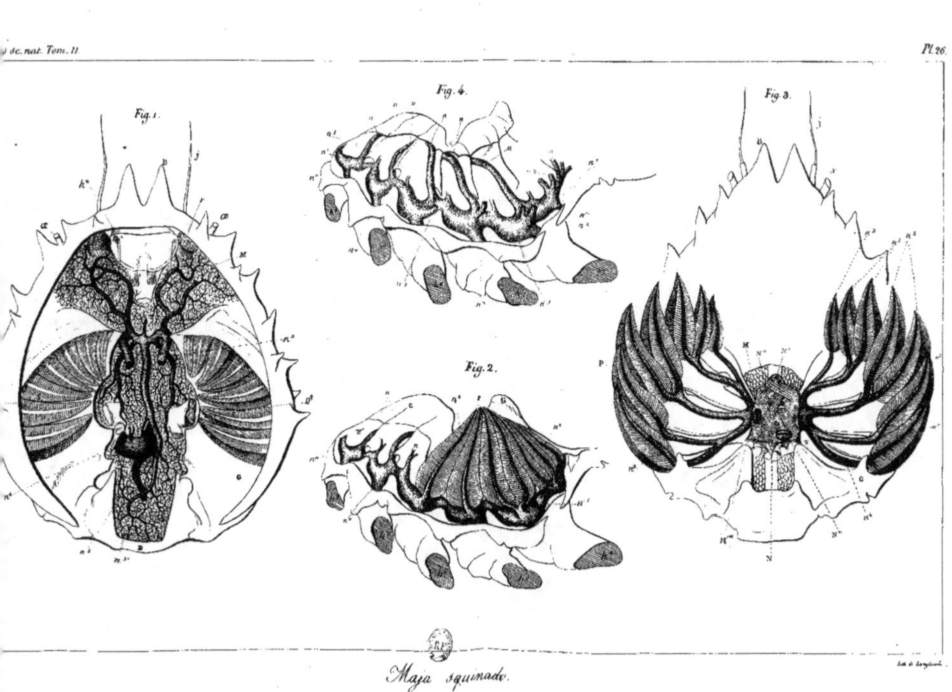

Maja squinado.

Fig. 1. Système artériel du foie. Fig. 2. Système veineux extérieur des branchies, de profil. Fig. 3. Système veineux intérieur, en dessus. (Vaisseaux internes des branchies et vaisseaux branchio-cardiaques) Fig. 4. Sinus veineux et troncs qui y aboutissent, de profil.

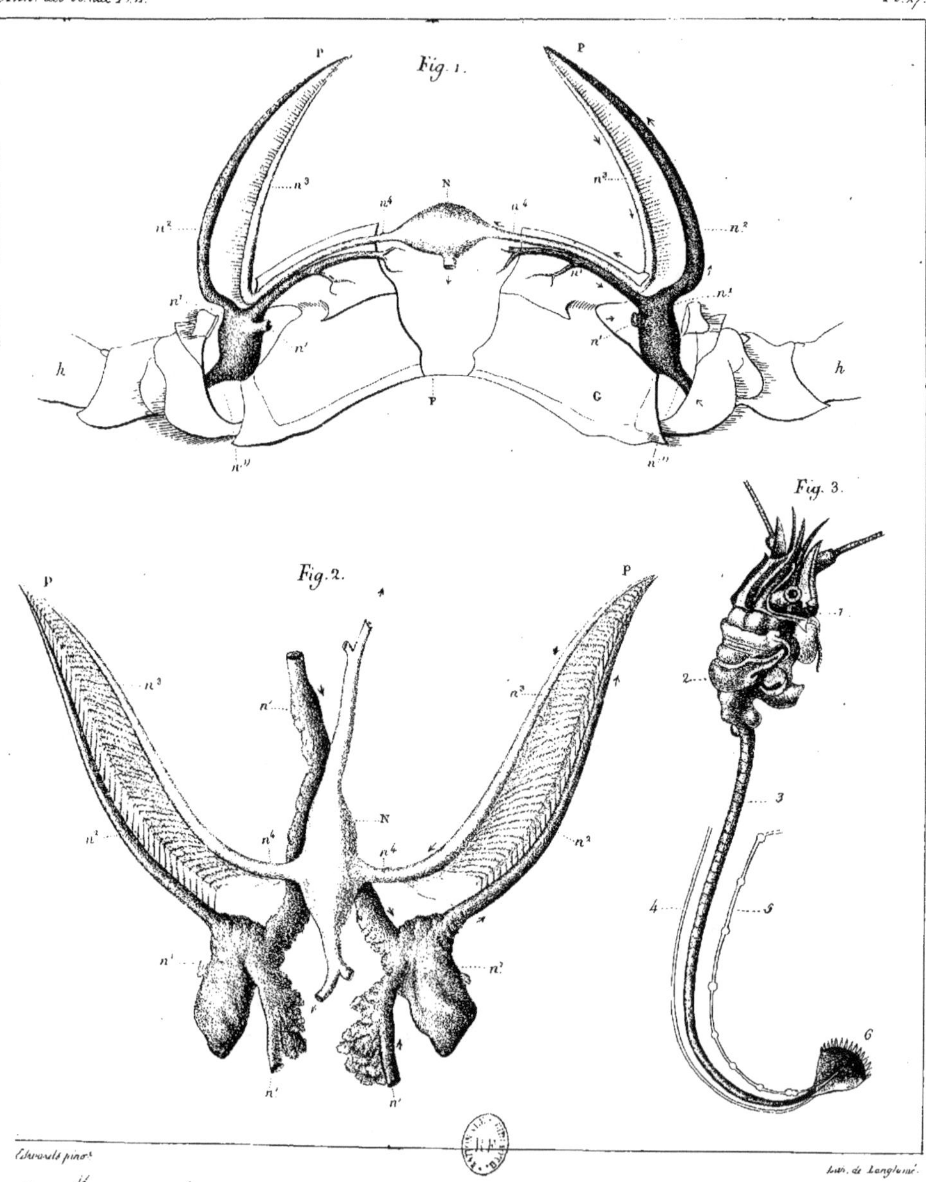

Fig.1. *Maja squinado, circulation.* (Coupe verticale.) Fig.2. *Mollusques, circulation.* (Calmar, Loligo sagittata.)
Fig.3. *Écrevisse, circulation, d'après Roesel.*

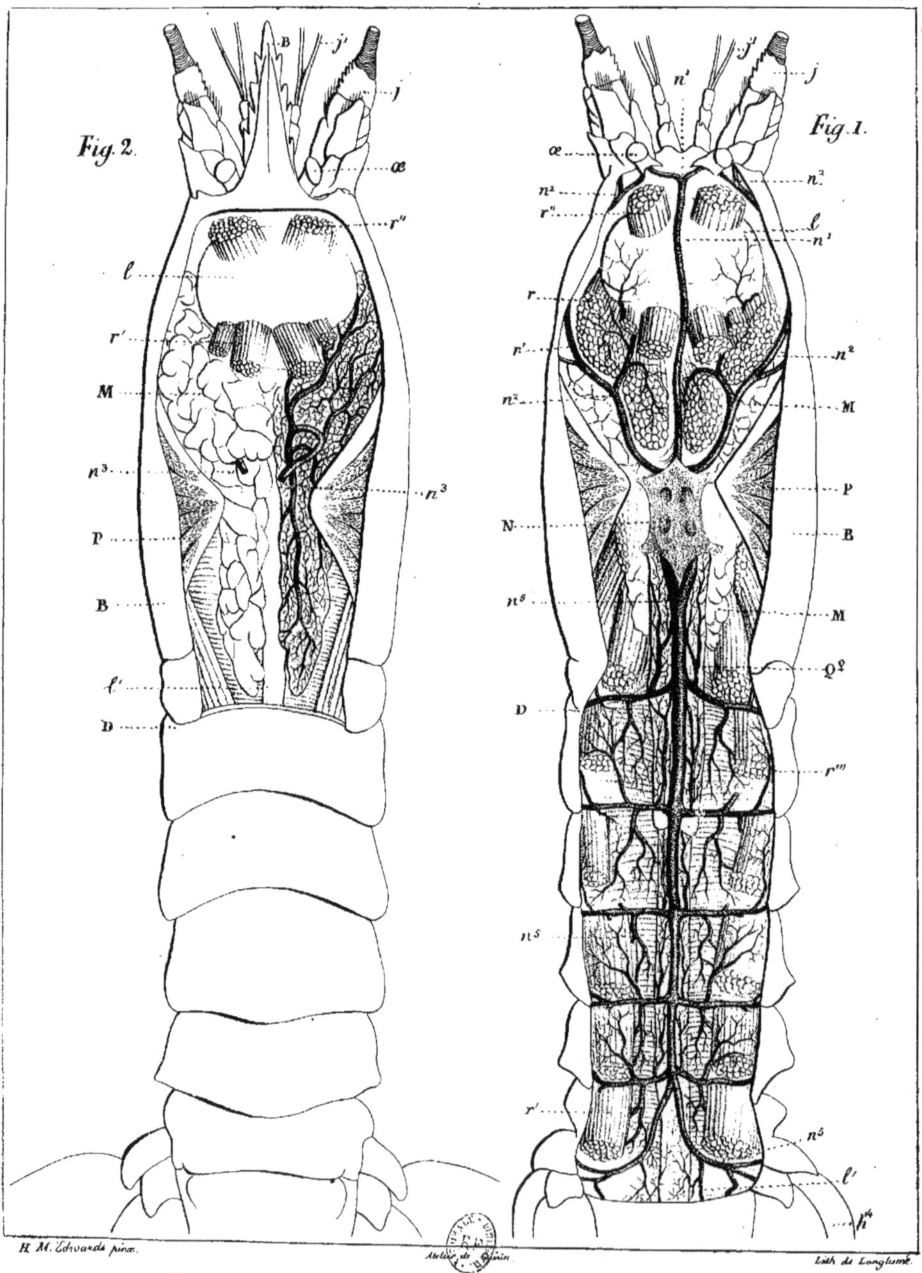

Fig. 1. homard, fem. (vu en dessus.) Système artériel superficiel.
Fig. 2. homard (vu en dessus.) Système artériel du foie.

H. M. Edwards pinx.　　　Atelier de Chaïx.　　　Lith. de Langlumé.

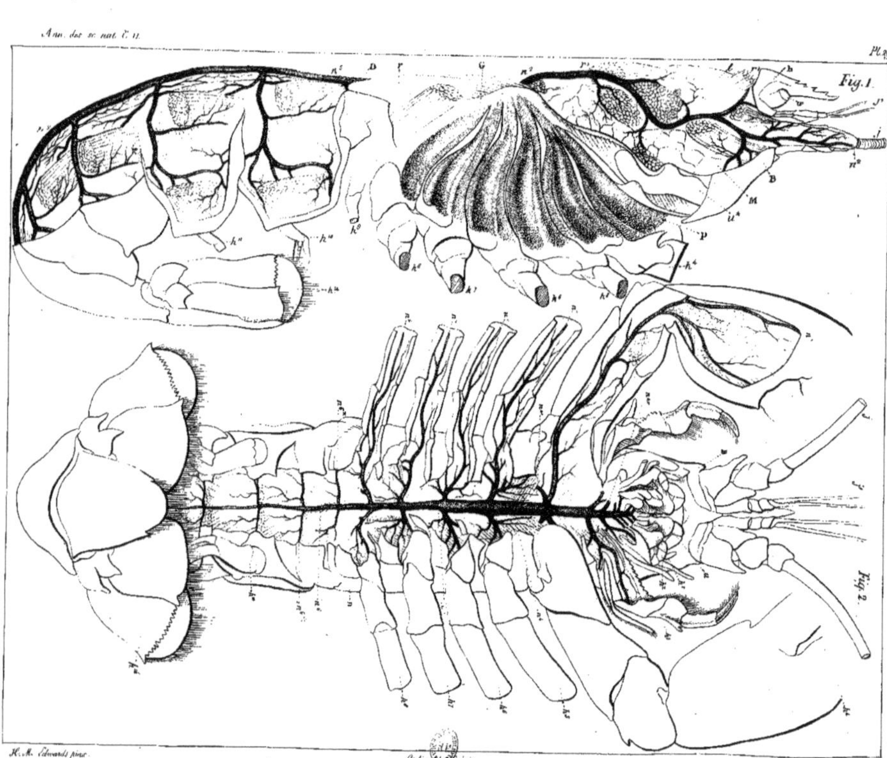

H. M. Edwards pinx.

Atelier de Dessin.

Lith. de Langlumé

Homard. Fig. 1. (vu de profil.) Système artériel superficiel. Fig. 2. (vu en dessous) Système artériel profond.

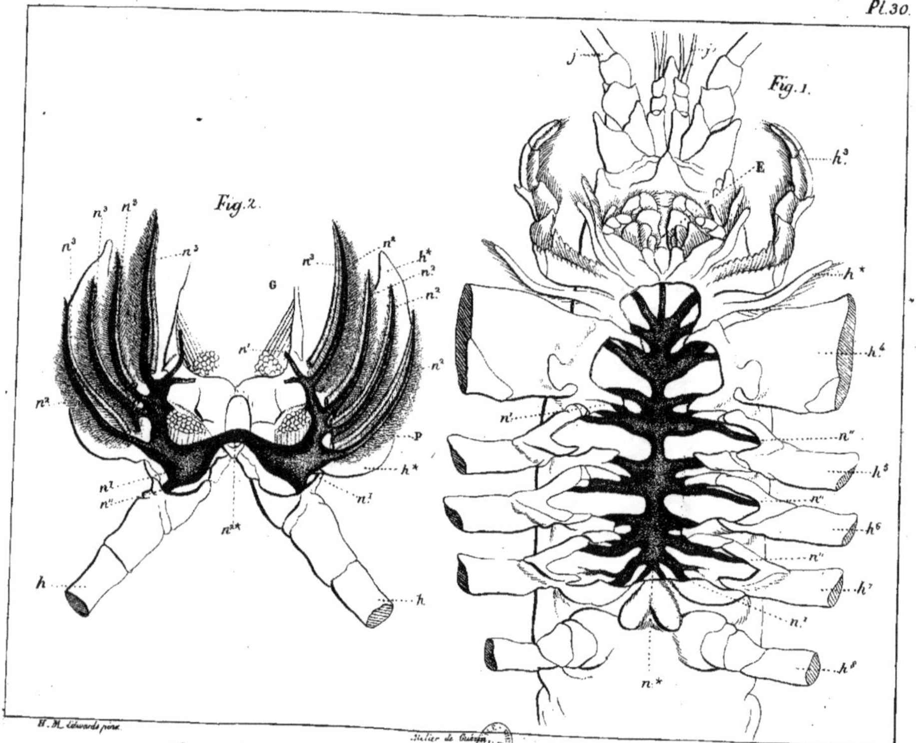

H. M. Edwards pinx. Atelier de Gratiot Lith. de Langlumé

Homard. Système veineux. Fig. 1. (vu en dessous) Fig. 2. (Coupe verticale.)

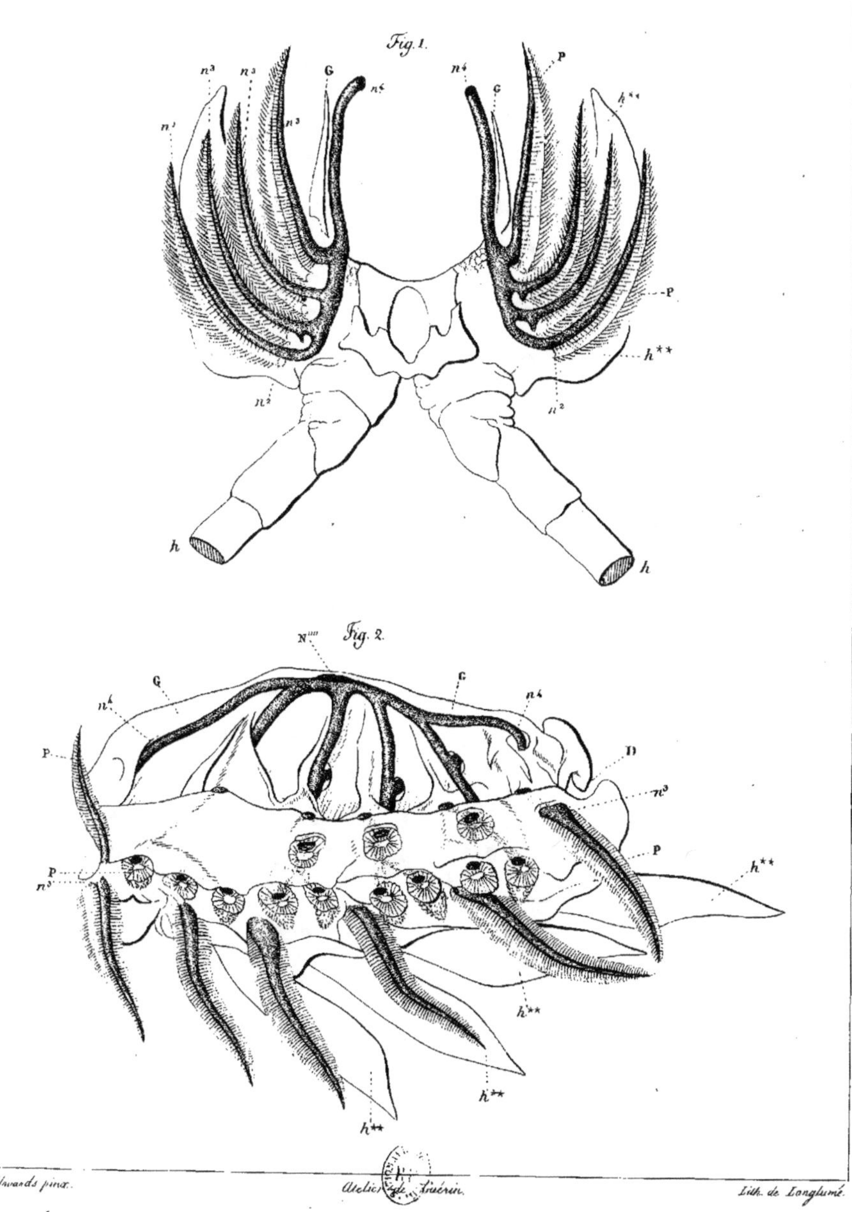

Edwards pinx.

Atelier de Guérin.

Lith. de Langlumé.

omard. Système des vaisseaux internes des branchies et des Canaux branchio-cardiaques.
Fig. 1 Section verticale. Fig. 2. profil.

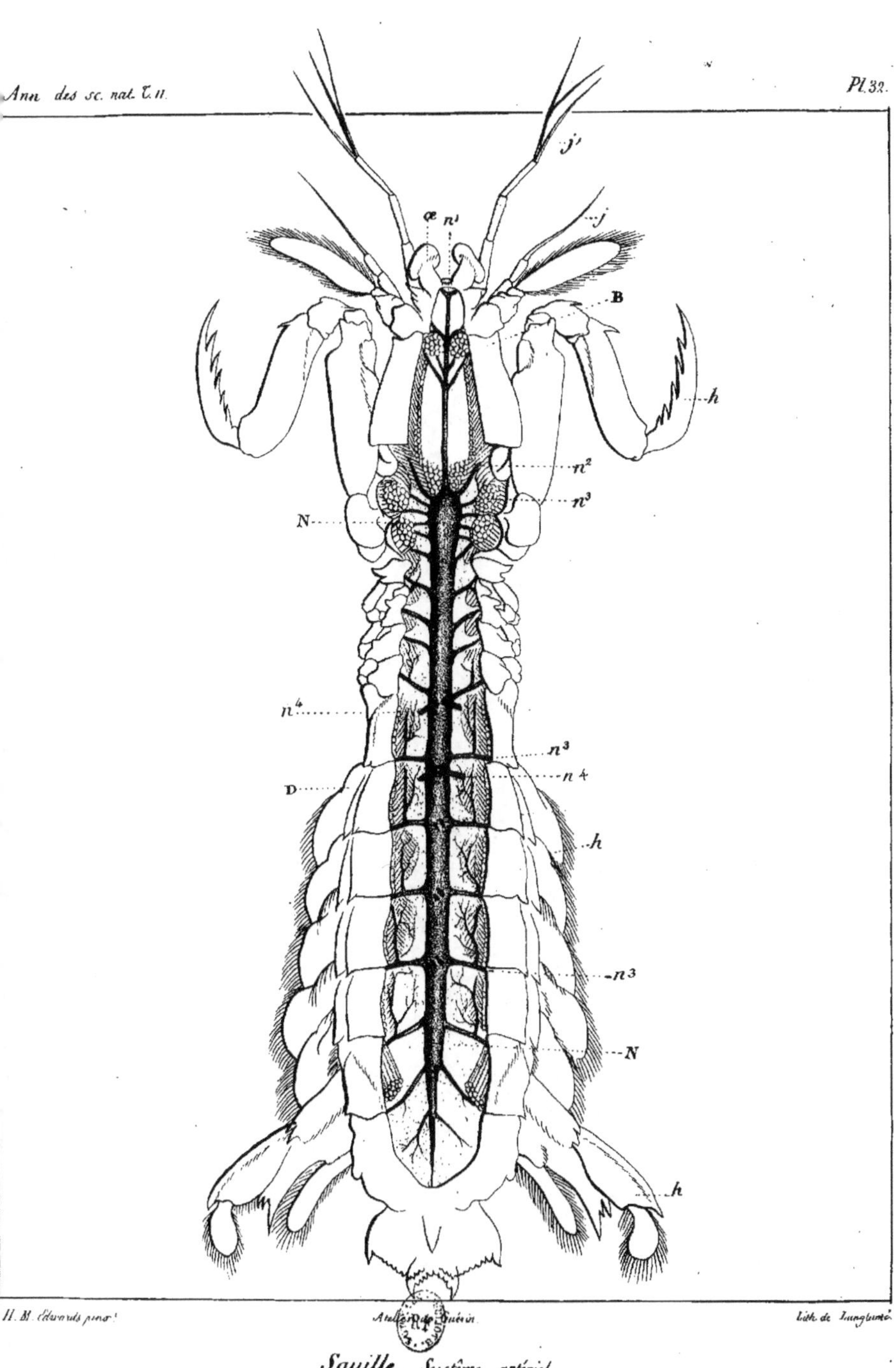

H. M. Edwards pinx.

Atelier de Guérin.

Lith. de Langlumé.

Squille. Système artériel.

9 782014 458374